想象之外·品质文字

U0363520

北京领读文化传媒有限责任公司　出品

MBA
轻松读 ｜第二辑

博 弈 论

日本顾彼思管理学院（GLOBIS）　［日］铃木一功 —— 著

朱悦玮　朱婷婷 —— 译

ゲーム理論

北京时代华文书局

图书在版编目（CIP）数据

博弈论 / 日本顾彼思管理学院，（日）铃木一功著；朱悦玮，朱婷婷译． -- 北京：北京时代华文书局，2020.2

（MBA轻松读．第二辑）

ISBN 978-7-5699-3509-7

Ⅰ．①博… Ⅱ．①日… ②铃… ③朱… ④朱… Ⅲ．①博弈论 Ⅳ．① O225

中国版本图书馆CIP数据核字（2020）第009104号

北京市版权著作权合同登记号　　字：01-2019-7639

MBA Game Riron
supervised by Kazunori Suzuki, written and edited by Globis Management Institute
Copyright © 1999 Globis Corp
Simplified Chinese translation copyright ©2020 by Beijing lingdu culture & media company
All rights reserved.
Original Japanese language edition published by Diamond, Inc.
Simplified Chinese translation rights arranged with Diamond, Inc.
through Hanhe International(HK).co,.Ltd.

MBA 轻松读：第二辑
MBA QINGSONG DU DIERJI

博弈论
BOYILUN

著　　者｜日本顾彼思管理学院　［日］铃木一功
译　　者｜朱悦玮　朱婷婷

出 版 人｜陈　涛
选题策划｜领读文化
责任编辑｜张彦翔
装帧设计｜刘　俊
责任印制｜刘　银

出版发行｜北京时代华文书局 http://www.bjsdsj.com.cn
　　　　　北京市东城区安定门外大街136号皇城国际大厦A座8楼
　　　　　邮编：100011　电话：010-64267955　64267677
印　　刷｜北京金特印刷有限责任公司　电话：010-68661003
　　　　　（如发现印装质量问题，请与印刷厂联系调换）
开　　本｜880mm×1230mm　1/32　印　张｜9.5　字　数｜218千字
版　　次｜2020年7月第1版　印　次｜2020年7月第1次印刷
书　　号｜ISBN 978-7-5699-3509-7
定　　价｜62.00元

前　言

"商业活动就是博弈"——每天都在与竞争对手斗智斗勇的商务人士们一定都有这样的感受吧。与顾客之间的合同交涉、公司内部的职位斗争、与竞争对手的新品开发较量和市场份额之争……商业活动中到处都充满了"博弈"。

我们在不知不觉之中就学会了商务博弈的规则，并每天都在思考如何在这种规则之下取得胜利。一般情况下，我们都是凭借自己的直觉来进行商务博弈，但如果你想进行更加系统化的分析，那就需要对"博弈论"有更多的了解。

一、人们对博弈论的关注日益增加

"博弈论"是以20世纪伟大的天才约翰·冯·诺依曼（John von

Neumann）及其同事经济学家奥斯卡·摩根斯特恩（Oskar Morgenstern）于1944年合著的《博弈论与经济行为》为基础提出的理论。

他们认为人类的经济活动或许也像国际象棋那样遵循一定的规则，并且用博弈的方法进行了分析，但这个属于数学范畴的方法非常难以理解。他们发现当一场游戏有多个参与者的时候，这些参与者的行动会受其他参与者行动的影响。在这种游戏（相互之间有影响的游戏）之中，对其他参与者的行动进行预测尤为重要，而要想做到这一点，必须具备能够进行非常复杂推测的系统理论基础，这就是他们研究的本质课题。

经过半个世纪的发展，博弈论走出微观经济领域，在宏观经济、产业组织、国际贸易、金融等几乎所有的经济学领域全都得到了应用。许多经济现象和行动都可以通过基于博弈论的模型来进行分析。这种利用博弈论对现实社会中出现的经济现象进行的分析直到现在仍然存在，博弈论作为对当今经济主体的行为加以理解的基本工具已经成为不可或缺的存在。

顺带一提，冯·诺依曼也是奠定现代计算机理论基础的先驱者之一。现如今计算机的性能得到了飞跃性的提升，计算机已经能够对商业活动产生的庞大数据进行分析和处理，从这个意义上来说，现在的经济与经营理论完全称得上是"冯·诺依曼的馈赠"。

随着博弈论的不断发展，近十年开设博弈论专业的商业学校越来越多。对于在此之前取得 MBA 学位的人来说，或许只在学习"微观经济学"的时候稍微接触过一点博弈论，但现在欧美的商学院都已经将博弈论选为必修科目。

比如哈佛商学院的科目名称直接就叫 Game Theory，宾夕法尼亚大学沃顿商学院的科目名称叫作 Managerial Economics and Game Theory，笔者就读的伦敦商学院则叫作 Negotiation and Bargaining。这些商学院的毕业生，都对博弈论有着充分的理解，并能够将其应用于商业活动现场的决策之中。

二、本书的目的与主题

本书是 MBA 轻松读系列之一，旨在详细地为读者介绍博弈论的内容以及博弈论能够给商务人士带来哪些宝贵的启示。

虽然笔者对伦敦大学旗下的三所学院开设的博弈论讲座全都很感兴趣，但对于实务派的商务人士来说，学院派的博弈论由于数学性太强，恐怕会难以理解。因此，在本书的策划过程中，笔者最关心的问题就是如何将博弈论这门用晦涩难懂的数学语言写成的学问，通俗易懂地"翻译"给广大商务人士。

本书中介绍的博弈论的本质，大致上可以分为两个主题。

第一个主题是连续博弈，考虑的是与只进行一次博弈相比，连续博弈会出现怎样的问题。在连续博弈的情况下，需要考虑市场的评价以及将来可能出现的报复等要素。

第二个主题是非对称信息博弈，考虑的是与所有参与者都掌握相同信息相比，参与者掌握的信息不对称时会出现怎样的问题。在非对称信息博弈的情况下，参与者需要根据自身掌握的信息情况来思考应该怎样选择才能使情况对自身更加有利。

现在已经有许多商业入门书都对博弈论进行了解说，但遗憾的是对这两个主题进行详细分析的少之又少。我认为导致这种情况最主要的原因是这两个主题涉及非常复杂的数学和概率等问题。

本书对这两个主题进行讨论和分析是一次大胆的挑战与尝试。因为笔者坚信正是这两个主题的结合，才使博弈论发展成为如此强大的商业分析工具。此外，通过对这两个主题的学习，也可以使我们理解博弈论给商业活动的世界带来的最耐人寻味的启示。

对于难以理解的数学分析，我都尽量以"专栏"的形式整理在各节的末尾，力求让诸位读者能够在阅读正文的时候理解博弈论内容的本质。

对于将来会成为经营者，或者现在已经是经营者的诸位读者来说，没必要让自己成为博弈论的专家，亲自构筑分析模型并加以解决。大家只需要了解博弈论的本质，给一直以来凭直觉做出的决策加入那么一点点的理论基础。这样一来，当你面对经营中出现的问题时，就能够做出更加合适的决策。

本书的目标，就是为诸位读者提供这样一个启示。或许书中还存在许多的不足之处，但愿笔者的"翻译"能够帮助大家稍微读懂博弈论这门学问。

在本书撰写过程中，顾彼思管理学院的嶋田毅先生给予了我大力的支持和协助。顾彼思的堀义人代表和钻石社哈佛商业评论的上坂伸一主编将如此重大的任务交付给尚不成熟的笔者。另外，本书的案例10，灵感来源于网络科幻作家明海宽郎先生。中央鱼类的塚本修司先生非常详细地为我讲解了鱼市场的"竞买"规则。还有，要感谢对一直没能完成书稿的笔者不离不弃、在创作过程中为笔者进行了诸多指导的钻石社编辑部的前泽裕美编辑。在此向以上诸位致以最衷心的感谢。

铃木一功

本书的使用方法

一、本书的构成

本书分为第1部"基础篇"和第2部"应用篇"两部分。具体由以下内容构成。

（一）第1部"基础篇"

• 第1章：首先通过只进行一次且参与者同时行动的"单次同时博弈"对博弈论的基础进行解说。其次，在这一章中我将对博弈论的重要概念"占优策略"（第1节）"纳什均衡"（第2节）"纯策略""混合策略"（第3节）进行说明。对博弈论有一定程度了解的人或许对这些内容都已经非常熟悉，但这是加深对博弈论理解不可或缺的部分。希望大家能够通过本章重新思考博弈论的本质。

• 第2章：首先学习"序贯博弈"和"非对称信息博弈"（第1节），然后为了让大家更好地理解前言中提到的"连续博弈"主题所带来的影响，我会为大家介绍"有限博弈"（第2节）和"无限博弈"（第3节）。

在这一章中我还将为大家介绍同时博弈与序贯博弈之间的区别，以及博弈论中非常重要的概念"子博弈"和"逆向归纳法"。

（二）第2部"应用篇"

• 第3章：以"非对称信息博弈"主题为中心，首先介绍"非对称信息博弈"的分析方法"贝叶斯均衡"与"精炼贝叶斯均衡"，同时还分析了逆向选择的理论（第1节）。其次通过阻止新竞争对手加入的事例，为大家介绍将"非对称信息博弈"与"连续博弈"相结合对更加复杂的博弈进行分析的方法（第2节）。然后通过"委托人与代理人之间的博弈"（第3节）"拍卖博弈"（第4节）"讨价还价博弈"（第5节）对本书的两个主题进行综合的分析。通过阅读本章，大家能够更切实地感受到利用信息差的重要性。

• 第4章：介绍现在博弈论仍然存在的课题，作为本书的总结。

对于数学基础薄弱的读者朋友，建议从第1部"基础篇"开始按顺序阅读，这样更有助于加深理解。而对博弈论已经有一定了解的读者朋友则可以直接从"应用篇"开始阅读。

二、用语解说

在阅读本书之前，必须掌握一些基本用语。在此先统一介绍一下这些用语（参考图表序 -1）。

图表 序 −1 博弈论的基本用语

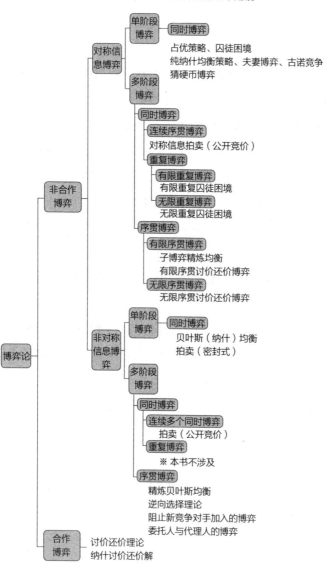

单阶段博弈	同时博弈	占优策略、囚徒困境 纯纳什均衡策略、夫妻博弈、古诺竞争 猜硬币博弈

对称信息博弈

单阶段博弈

同时博弈
占优策略、囚徒困境
纯纳什均衡策略、夫妻博弈、古诺竞争
猜硬币博弈

多阶段博弈

同时博弈

连续序贯博弈
对称信息拍卖（公开竞价）

重复博弈

有限重复博弈
有限重复囚徒困境

无限重复博弈
无限重复囚徒困境

序贯博弈

有限序贯博弈
子博弈精炼均衡
有限序贯讨价还价博弈

无限序贯博弈
无限序贯讨价还价博弈

非合作博弈

非对称信息博弈

单阶段博弈

同时博弈
贝叶斯（纳什）均衡
拍卖（密封式）

多阶段博弈

同时博弈

连续多个同时博弈
拍卖（公开竞价）

重复博弈
※ 本书不涉及

序贯博弈
精炼贝叶斯均衡
逆向选择理论
阻止新竞争对手加入的博弈
委托人与代理人的博弈

博弈论

合作博弈
讨价还价理论
纳什讨价还价解

（一）参与者

在博弈中，首先必须确定参与者。所谓参与者，指的是在博弈中能够独立做出决策的最小单位。因此，在对企业间的竞争进行分析时，每个企业就是参与者；而对企业内部各部门之间的协调性进行分析时，各部门就是参与者。

参与者一般以数字来加以区分。比如参与者1、参与者2、参与者3。

（二）二人博弈、三人博弈、多人博弈

根据参与者的数量，博弈可以称为一人博弈、二人博弈、三人博弈等，一般来说有几个参与者就可以叫几人博弈，如果人数大于三可以统称为多人博弈。本书多以二人博弈为例进行分析，这是因为随着参与者的增加，模型会变得更加复杂。通过对二人博弈进行分析得出的结论，往往也适用于多人博弈，不过在多人博弈的情况下如果不追加某种前提条件的话，恐怕很难得出和二人博弈相同的答案（也就是不要求各参与者都采取最合适的行动）。

（三）策略、纯策略、混合策略

策略指的是在一局博弈中每个参与者所采取的行动计划，以及针对其他参与者的某种行动而采取的对策。

像第1章第1节的案例1中"支持安德森方式""支持布什方式"和第1章第2节的案例2中"D社""E社"那样选择确定行动的策略被称为纯

策略，而在第1章第3节猜硬币博弈中基于某种概率随机选择的策略则被称为混合策略。

　　存在多个参与者的情况下，可以用一个表格整理出各参与者采取的纯策略组合一览。以第1章第1节的案例1为例，可以整理出（支持安德森方式，支持安德森方式）、（支持安德森方式，支持布什方式）、（支持布什方式，支持安德森方式）、（支持布什方式，支持布什方式）这4种纯策略组合。

　　（四）收益、效用、期望收益、期望效用

　　用数值表示各参与者采取某种策略后得到的结果，称为收益或者效用（效用并不是单纯的收益，还包括参与者回避的风险，但本书将收益与效用看作同一概念）。在混合策略和非对称信息博弈这种多个结果基于一定概率出现的情况下，就要用到期望收益（期望效用）的概念，也就是将结果出现时的收益（效用）乘以各结果出现的概率所得出的数值。

　　一般情况下，博弈中的各参与者都会预测其他参与者可能采取的策略，然后选择能够使自身的（期望）收益最大化的合理策略。因此，必须把握每种策略的组合会给各参与者带来怎样的收益。

　　在第1章第1节的案例中，选择（支持安德森方式，支持安德森方式）的情况下，参与者1的收益是40亿日元，参与者2的收益也是40亿日元，那么本书为了便于记录就会按照一定的单位（在这个案例中单位是亿），按照参与者的数字顺序将其记录在圆括号之中，例如（+40，+40）。如果将其他所有策略对应的收益都记录下来，就是（支持安德森方式，支持布什方式）（0，+50）、（支持布什方式，支持安德森方式）（+50，0）、（支持布什方式，支持布什方式）（+30，+30）。

（五）信息、对称信息博弈、非对称信息博弈

博弈包括诸多要素，比如参与者、策略以及收益等。但不一定所有参与者都掌握这些要素。像国际象棋、围棋、奥赛罗之类的博弈，所有参与者都了解游戏的规则，而且也掌握其他参与者的一举一动，本书将类似这样的博弈称为对称信息博弈。

但在实际的商务活动之中，并非所有的参与者都拥有同样的信息。比如在进行商品交易时，商品的生产者和销售者肯定比消费者掌握的信息更多。类似这样某些参与者比其他参与者掌握的信息更多的情况并不少见。本书将这种并非所有参与者都拥有相同知识的情况称为非对称信息博弈。

一般的博弈论教科书中，都采用不完备信息博弈和不完美信息博弈这两个概念。不完备信息博弈指的是参与者相互之间都不知道其他人收益的博弈。约翰·海萨尼（John Harsanyi）证明了"信息完备但不完美的博弈"也能够用数学的方法进行分析，他凭借这一发现获得了1994年的诺贝尔奖。

虽然区分不完美信息博弈和不完备信息博弈也非常重要，但这方面的知识过于专业，所以本书不予讨论。本书尽量避免使用晦涩难懂的专

业术语，用"非对称信息"来指代"不一定所有的参与者都知道相互的收益和类型等信息"这一概念。这个用语是拉斯缪森（Rasmusen）于1989年提出的。

（六）同时博弈、序贯博弈

在博弈论中，参与者行动的顺序也是非常重要的因素之一。在很多游戏之中，先手和后手各有利弊，只要是对该游戏十分熟悉的人一定都了解这一点。

所有参与者同时采取行动的博弈被称为同时博弈，也叫静态博弈。与之相对的，所有参与者像下国际象棋那样交替采取行动的博弈被称为序贯博弈，也叫动态博弈。动态博弈也包括连续多次同时博弈的情况。

（七）单阶段博弈、多阶段博弈、重复博弈、有限重复博弈、无限重复博弈

单阶段博弈和多阶段博弈是与同时博弈和序贯博弈稍微有些差异的概念。单阶段博弈指的是各参加者同时进行一次行动（因此也相当于同时博弈），而多阶段博弈则指的是参加者的行动涉及多个阶段（时间）。在多阶段博弈中，既存在序贯博弈，也包含连续进行多次同时博弈的情况。在连续进行同时博弈的情况下，如果相同博弈在相同参与者之间反复出现，也被称为重复博弈。

重复博弈又分为只进行有限次数的有限重复博弈，和永远重复下去

的无限重复博弈。参与者在进行有限重复博弈和无限重复博弈时可能会采取完全不同的策略，这一点需要注意。

（八）合作博弈、非合作博弈

各参与者事先没有任何交流，以单独采取策略为前提的博弈被称为非合作博弈，而参与者之间以相互合作为前提，对合作行动取得的成果进行分析的博弈则被称为合作博弈。

本书中涉及的博弈几乎都属于非合作博弈，关于合作博弈的内容只在第3章第5节的交涉理论中稍有提及。本书主要聚焦于在商业活动中如何使自身处于竞争的有利的位置，但事实上在商业活动之中也有不少需要以相互合作为前提的局面。因此，关于合作博弈的内容大家可以阅读其他书籍来详细了解。

正如第3章第5节的讨价还价博弈中提到的那样，与其说合作博弈与非合作博弈是完全不同的两种博弈，不如说是在同样状况（这里指的是讨价还价的博弈）下尝试用不同的方法进行分析更加合适。在满足一定条件的情况下，非合作博弈得出的答案与合作博弈得出的答案极为相似。

第 2 部 应用篇

第 **3** 章 加入信息的不确定性 | 129

第 **4** 章 博弈论的发展 | 255

第 1 部

———————

基·础·篇

第

1

章

通过单阶段博弈理解基本概念

第1章前言

在日常生活或者商务活动之中，我们都会遇到因为不知道对方会采取什么样的行动，而迟迟无法决定自己采取什么行动的情况。

比如在开车的时候，经验丰富的司机就能够根据自身的经验以及交流获得的信息，大致把握哪些路段什么时间点比较拥堵。然后根据这些信息来选择拥堵概率比较小的路线。

在商业活动中，如何避免企业之间签订的协议有名无实，保证相互之间都能实现利益最大化也是一个非常值得思考的问题（具体来说包括维持价格协议、不抢先招人的君子协议、不独占稀缺资源的协议等）。在某些情况下，这样的协议都不能发挥其应有的作用。如果能够搞清楚有效的协议和无效的协议之间存在怎样的差异，那么就可以采取有效的手段避免出现协议有名无实的情况。

尽管我们会频繁遇到类似的问题，但在绝大多数情况下都是没有经过仔细思考，仅凭直觉做出判断。就算最后取得了预想中的结果，但也很少有人能解释清楚整个过程。一旦被别人问到原因，恐怕只能给出"我一直都是这样做的"或者"我感觉这样做会有效果"之类的回答。

对于存在上述烦恼的商务人士来说，博弈论是最可靠的伙伴。博弈论能够利用框架，对对方的思考和行动中存在的不确定性进行系统化的分析和解释，从而给自己的决策提供参考。事实上，很多凭借经验和直觉采取行动并最终取得理想成果的事例，都能用博弈论来加以解释。

本章的构成

本章通过单次且各参与者同时采取行动的最简单的博弈，来帮助大家先熟悉博弈论的思考方法——通过将事物数值模型化，将可能发生的情况分别表现出来。在第1节和第2节中，我将首先为大家介绍几个在学习博弈论上必不可少（甚至可以说是博弈论的代名词）的重要概念：囚徒困境、占优策略、纳什均衡等。在第3节和第4节中，我会为大家介绍稍微复杂的混合策略和持续策略。

虽然本章中介绍的都是简单的模型，但在解决类似前文中提到的"交通拥堵"和"有名无实协议"等难以得出明确结论的问题时，这些模型能够给我们提供非常有效的启示。

本章内容对于对博弈论有一定程度理解的读者来说可能比较简单，但能够帮助读者朋友加深对博弈论的理解，希望无论是不是博弈论的初学者，都能够仔细地阅读本章内容。

第1节：囚徒困境

在被称为"囚徒困境"的一对一单次同时博弈（单阶段同时两人博弈）之中，如果各参与者都选择占优策略，就会导致比合作更坏的结果。但在现实的商业活动之中，为了自身的利益而出卖对方的情况十分常见。即便是同时博弈，也存在没有占优策略的情况。

一、案例1：X汽车选择技术开发委托方

欧洲大型汽车生产企业X汽车打算委托其他企业开发一种安全装置。现在候选企业有安德森公司、布什公司、库克公司和戴尔公司四家。最终采用的安全装置技术肯定是在安德森公司的安德森方式和布什公司的布什方式之中二选一。

但在X汽车看来，不管是安德森公司还是布什公司，其资金和技术

都不足以单独完成开发。因此还需要至少一家企业加入开发中来。而这个补充企业的候选就是库克公司和戴尔公司。这两家企业都拥有一定的资金和技术实力，完全能够弥补安德森公司和布什公司的不足之处。

安德森公司表示将在这项技术的开发上投入20亿日元的经费，布什公司则表示将投资30亿日元。X汽车向库克公司和戴尔公司咨询后得知，这两家企业都准备了15亿日元的开发资金。从技术难度和这四家企业的综合实力来看，他们的投资额都不会再发生太大的变化。

安德森方式和布什方式在技术上难分伯仲，而且完成开发所需的资金规模基本相同。产品化后所需的制造成本也不相上下。因此，X汽车希望库克公司和戴尔公司进行一场"投票"，最终选择合计投资额最多的一方。

库克公司和戴尔公司需要在限定期限之内告诉X汽车自己究竟是支持安德森方式还是支持布什方式。至于库克公司和戴尔公司是各自做出决定还是事先商量之后再做出决定，X汽车不予追究。根据上述规则，可能出现如下的情况。

两家公司都支持安德森方式、X汽车采用安德森方式。
安德森方式合计50亿日元 VS 布什方式合计30亿日元。

两家公司都支持布什方式、X汽车采用布什方式。
安德森方式合计20亿日元 VS 布什方式合计60亿日元。

库克公司支持安德森方式、戴尔公司支持布什方式、X汽车采用布什方式。

安德森方式合计35亿日元 VS 布什方式合计45亿日元。

库克公司支持布什方式、戴尔公司支持安德森方式、X汽车采用布什方式。

安德森方式合计35亿日元 VS 布什方式合计45亿日元。

不管采用哪种方式，将来通过该技术获得的收益，都按照开发投资额，也就是各企业投入的开发资金所占的比例进行分配。

X汽车将上述信息全都传达给了库克公司和戴尔公司。

* * *

距离给X汽车答复的最终期限还有不到一个星期，但库克公司的董事长库克还是迟迟无法做出选择。安德森公司和布什公司都对库克发起了猛烈攻势，双方都明确表示"只要你选择我们公司，必将给你最大限度的回报"。

库克公司最重要的课题是要选择能够被X汽车采用的技术，同时也要尽可能使自己获得更多的收益。

最理想的情况是库克公司支持布什方式而戴尔公司支持安德森方式。在这种情况下，库克公司的投资额占三分之一（45亿日元中的15亿日元），能够获得最多的收益。反之，如果库克公司支持安德森方式而戴尔公司支持布什方式，那么库克公司将一无所得。

对X汽车提供的资料进行分析后可知，不管采用安德森公司还是布什公司的安全装置技术，该项目的总净现值固定为150亿日元。因此，在前者的情况下库克公司能够得到50亿日元（=150÷3）的收益，而后者的情况则为零。

库克公司和戴尔公司都支持相同方式的情况下，选择安德森方式和选择布什方式所能够获得的收益也是不同的。两家公司都支持安德森方式的话，库克公司的投资为50亿日元中的15亿日元。两家公司都支持布什方式的话，库克公司投资则为60亿日元中的15亿日元。也就是说，在前者的情况下，库克公司能够获得45亿日元的收益，后者的情况下则只能获得37.5亿日元的收益。很显然，如果两家公司都支持相同的方式，选择两家所占投资比重大的方式最为有利。

库克在思考这个问题的时候，尝试将所有的情况都整理出来，最后得出图表1-1。

戴尔公司

	支持安德森方式	支持布什方式
库克公司 支持安德森方式	情况1 （45，45）	情况2 （0，50）
库克公司 支持布什方式	情况3 （50，0）	情况4 （37.5，37.5）

（单位：亿日元）

通过这个图表可以看出，库克不仅考虑了自身的情况，还将戴尔公司的情况也考虑了进来。比如库克公司支持布什方式，而戴尔公司支持安德森方式的话，那么库克公司将获得最多的收益50亿日元，而戴尔公司则一无所获。因为库克公司和戴尔公司的投资额刚好相同，所以图标呈对称的形式。

令库克感到烦恼的是，最终的结果很有可能是情况4。从库克公司所能够获得的收益来看，这是排在第三位的选择。如果能够与戴尔公司共同合作，那么就应该以实现情况1为目标，共同支持安德森方式。但若采用这一策略，戴尔公司遵守约定的话当然皆大欢喜，万一戴尔公司临时改变了主意，那么就会出现最坏的情况（从情况1变成情况2）。当然，对于库克公司来说，背叛戴尔公司选择支持布什方式的诱惑（从情况1变成情况3）也令人非常难以拒绝。

最终，库克认为选择支持布什方式是最没有风险的明智决定。大概戴尔公司也是这样想的吧。当然，因为害怕遭到背叛而眼睁睁地看着7.5亿日元（=45-37.5）白白溜走，也实在是让人心有不甘。所以库克的脑海中有那么一瞬间也闪过了"对方背叛的概率有多少"的想法，但遭到背叛的话所要付出的代价实在是太大，还是应该尽可能避免这样的情况发生。

就在这个时候，库克办公桌上的电话响了起来。是戴尔公司的董事长戴尔打来的。戴尔开门见山地说道。

"库克先生，这次我们一起支持安德森方式吧。关键在于我们要通力合作。想必库克先生也很清楚，一起支持安德森方式对我们双方来说都有利。"

"但是，我怎么知道你肯定不会背叛我呢。在这种情况下我怎么能接受你的提议？"

"要这么说的话，我也一样。如果你不遵守约定的话我也会很被动。而且就算我们两人之间签订了协议，也不具备任何法律效力，我们只能相信彼此。"

"虽然我也很想信任你，但还是怕有'万一'啊。"

"在这个行业，信用不是摆在第一位的吗。我们谁都不想被贴上'背叛者'的标签吧。说不定以后还有合作的机会呢。"

"你说的没错，但眼下最重要的是这个项目。将来的事情谁知道呢。"

"看来我是说服不了你了。希望你能够再考虑考虑，如果你不想眼睁睁地看着几亿日元白白溜走，就给我打电话。好不容易有个大赚一笔的机会，错过了岂不是很可惜。"

放下电话后，库克陷入了深深的思考。

"戴尔先生的葫芦里究竟卖的是什么药。他说的是真心话吗，还是故意迷惑我？他应该也知道最坏的情况是什么。"

* * *

最终，库克公司和戴尔公司并没有选择合作。他们都无法相信"对方一定能够遵守约定"。所以，结果和库克当初预计的一样，库克公司和戴尔公司都支持布什方式，X 汽车也选择了布什公司作为技术委托方。虽然库克用"尽管并不是最好的结果，但总算赚到了一些。少赚总比不赚强。"来安慰自己，但心中却总感觉有些难以释怀。

理论

二、占优策略

前文中提到的案例1，是以博弈论中最著名的模型"囚徒困境"为基础改编的。

虽然囚徒困境是博弈论中最古典的模型，但在现实的商务活动中十分常见。比如新技术的开发竞争、在媒体上的广告竞争、环境问题的成本负担、零售业的价格竞争等。在这些情况下，每个参与者都难以预先获得竞争对手的行动和信息，而且一旦自身不采取某种行动，竞争对手采取了这一行动的话，自己就会单方面受到损害。

那么，为了更深入地了解囚徒困境，让我们对案例1进行一下整理。

（一）参与者

"库克公司"与"戴尔公司"两个。这里用参与者1代表"库克公司"，参与者2代表"戴尔公司"。

（二）策略

两个参与者都可以采取"支持安德森方式"或者"支持布什方式"的策略。将所有可能采取的策略进行排列组合，会得出以下4种情况（括号内顺序为参与者1的策略，参与者2的策略）。

（支持安德森方式，支持安德森方式）

（支持安德森方式，支持布什方式）

（支持布什方式，支持安德森方式）

（支持布什方式，支持布什方式）

（三）收益

在上述4种情况下，库克公司和戴尔公司所能够获得的收益如下。

（支持安德森方式，支持安德森方式）

（+45，+45）

（支持安德森方式，支持布什方式）

（0，+50）

（支持布什方式，支持安德森方式）

（+50，0）

（支持布什方式，支持布什方式）

（+37.5，+37.5）

（四）收益矩阵

像上述内容这样，只是将博弈的策略和收益罗列出来，还是很难理解这个博弈的本质、也难以预测各参与者究竟会采取怎样的行动。在这个时候，我们就需要将各参与者的行动整理成图表。本节介绍的单阶段同时两人博弈（参与者同时采取行动的两人博弈）一般可以整理为如图表1-2这样的收益矩阵。在收益矩阵中，一般将参与者1的行动作为纵轴，参与者2的行动作为横轴。括号内的收益也按照参与者1，参与者2的顺序标记。

图表1-2 库克公司与戴尔公司的收益矩阵

参与者2：戴尔公司

		支持安德森方式	支持布什方式
参与者1：库克公司	支持安德森方式	（+45，+45） ↑　　↑ 库克公司　戴尔公司	（0，+50） ↑　　↑ 库克公司　戴尔公司
	支持布什方式	（+50，0） ↑　　↑ 库克公司　戴尔公司	（+37.5，+37.5） ↑　　↑ 库克公司　戴尔公司

（单位：亿日元）

接下来，让我们通过收益矩阵中的数字来对这个博弈进行一下分析。对于库克公司来说，"支持安德森方式"和"支持布什方式"哪一个更有利呢？我们先来看一看参与者1和参与者2分别能够获得多少收益。

（五）参与者1的收益：参与者2支持安德森方式的情况

首先比较参与者2选择"支持安德森方式"的情况下，参与者1的收益（括号内第一个数字）。如果库克公司也表明"支持安德森方式"，那么X汽车就会采用安德森方式，这样库克和戴尔公司都能参与到这个项目中来。在这种情况下，库克公司的收益是45亿日元。

但如果库克公司支持布什方式，X汽车采用布什方式，那么戴尔公司就被排除到项目外。在这种情况下，库克公司能够得到50亿日元的最大收益。

（六）参与者1的收益：参与者2支持布什方式的情况

假设戴尔公司同样选择支持布什方式。那么我们就需要比较收益矩阵中"支持布什方式"的纵列。如果库克公司支持安德森方式，那么X汽车就会采用合计投资额较高的布什方式。结果是戴尔公司参与到项目中去，库克公司被排除到项目外。在这种情况下，库克公司的收益为零。

另一方面，如果库克公司支持布什方式，X汽车也采用布什方式的话，库克公司和戴尔公司都能够参与到项目中来。在这种情况下，两家公司都能获得37.5亿日元的收益。

综上所述，不管参与者2支持安德森方式还是支持布什方式，参与者1都应该支持布什方式，这样能够保证获得更多的收益。

（七）参与者2的收益

戴尔公司在考虑自身收益的时候，可以参照收益矩阵，比较括号内第二个数字（戴尔公司的收益）。经过分析可以发现，不管库克公司如何选择，戴尔公司都应该支持布什方式，这样能够保证获得更多的收益。

类似这种不管博弈的其他参与者采用何种策略，自己只要采取特定策略就能够获得较高收益的情况下，这种策略就被称为"占优策略"。

在本节的这个案例中，库克公司和戴尔公司都拥有占优策略。那就是不管对方采取何种策略，自己都选择"支持布什方式"。这样一来，双方都采用"支持布什方式"的策略，就是这个博弈的解。最终，两家企业分别获得37.5亿日元的收益。

（八）囚徒困境

本节的案例是以博弈论中最著名的"囚徒困境"模型为基础制作的。在原版的囚徒困境中，两名共同犯案的强盗是参与者。这两个人分别被捕并且被关押在不同的房间中接受审问。

警方并没有两人共同犯案的证据，如果两名强盗都不承认共同犯案的罪行，那么就只能按照他们当前所犯的罪行各自判处1年有期徒刑。但如果其中一方坦白，而另一人抵赖的话，那么坦白的人就会被无罪释放，抵赖的人则被判处20年有期徒刑。如果两个人都坦白的话，那么他们都会被处以10年有期徒刑。

将上述情况整理成收益矩阵如图表1-3所示。括号内的数字之所以用了负数，是因为对犯罪者来说，刑期越短收益越高（年数增加收益就是负数）。

图表 1-3 囚徒困境

共犯 2

		抵赖	坦白
共犯 1	抵赖	（-1，-1）	（-20，0）
	坦白	（0，-20）	（-10，-10）

在这个原版的"囚徒困境"之中，两名强盗都选择"坦白"这一占优策略，结果就是两人都被判处10年有期徒刑。

三、使占优策略失效的方法

存在占优策略的情况下，博弈的解只有一个。也就是说，在本节这个案例之中，两家公司都会选择"支持布什方式"的策略，没有其他的可能性。但正如我们在收益矩阵中看到的那样，对于参与者来说这个解并不是最优解。如果两家公司都选择"支持安德森方式"，那么两家公司都能多获得7.5亿日元的收益。

在类似这样的案例中，两个参与者都想获得更多收益并不容易。因为双方都对事前协议持不信任的态度。比如在案例1中戴尔公司就提出"一起支持安德森方式"的建议，但库克公司并没有接受。就算两家公司事前达成了协议，也很难一直互相信任直到最后。

如果两家公司事前达成了"一起支持安德森方式"的合作协议，但其中一方背叛选择了"支持布什方式"，那么遵守协议选择"支持安德森方式"的一方就一点收益也得不到，而背叛的一方则将赚取巨额收益。在像这样只进行一次同时博弈的情况下，只要有占优策略存在，参与者就很难做出其他的选择。

类似于囚徒困境的情况在现实的商业活动中也十分常见。特别是在双方只进行一次博弈（交易）的情况下，背叛对方让自己获取更多收益的诱惑非常大，当然任何人都能想到这一点。因为双方都害怕遭到背叛，所以即便明知道获得的收益较少，也只能选择占优策略。

在面对"囚徒困境"的时候，双方要想获取更多的收益，可以采取以下的方法。

（一）对背叛者施加惩罚

通过对背叛者施加惩罚，可以降低损人利己带来的诱惑。在本节的案例中，双方可以签订一份合作协议，规定如果任何一方违反合作协议，选择"支持布什方式"，那么就要向受损害的一方支付巨额的赔偿。在不考虑这份协议是否具备法律效力的情况下，这样做可以改变这次博弈的收益，使占优策略失去效果。

假设背叛的一方要支付给受损害的一方15亿日元赔偿金，那么这次博弈的收益矩阵就会变成图表1-4那样。如果双方全都选择了背叛，都支持布什方式，那么双方相互赔偿15亿日元就自动抵消了，最终的结果和之前的收益（+37.5，+37.5）相同。

图表1-4 有惩罚情况下的收益矩阵

		戴尔公司	
		支持安德森方式	支持布什方式
库克公司	支持安德森方式	（+45，+45）	（+15，+35）
	支持布什方式	（+35，+15）	（+37.5，+37.5）

在图表1-4所示的博弈中就不存在占优策略了。假设我们站在库克公司的立场上。如果我们背叛对方选择"支持布什方式"，那么最终获得的收益（35亿日元）比"支持安德森方式"获得的收益（45亿日元）更低。

因此，不管是库克公司还是戴尔公司，都从囚徒困境中摆脱了出来，可以选择对双方都更加有利的"支持安德森方式"。这种签订合作协议后的博弈，实际上与我在下一节中即将为大家介绍的"夫妻博弈"十分相似。这种解决方法通过"改变现有博弈"使结果更符合双方的期望。

（二）增加博弈（交易）次数

另一种解决方法就是增加库克公司和戴尔公司之间的交易次数。如果两家企业今后还有继续合作的可能性，那么为了追求眼前的收益而背叛对方，可能会对今后的合作造成影响。

遭到背叛的一方在今后的合作之中肯定会采取相应的报复行动。考虑到这一点的话，"追求眼前的收益而背叛对方"就不是最好的选择。

也就是说，通过将博弈从"单阶段"变成"重复"，可能会得出不同的解决方法。关于这部分内容我将在第2章中为大家做详细的说明。

比如日本的汽车生产企业和零件供应商之间的连续交易。即便一家从未合作过的供应商给出的价格很低，汽车生产企业也更愿意选择自己比较熟悉的供应商。

尽管类似于这样的交易习惯经常被美国当作表现日本市场封闭性的反面教材加以批判，但换一个角度来看的话，这也是对双方来说风险都比较小的商业选择。对于汽车生产企业来说，避免了遭到零件供应商背叛使汽车出现故障的风险，对零件供应商来说，避免了遭到汽车生产企业背叛强行压低采购价格的风险。也就是说，通过增加参与者进行博弈（交易）的次数，降低出现双方不愿看到的结果的风险。

第2节：纳什均衡与夫妻博弈

要点

纳什均衡指的是所有参与者"在考虑到其他参与者采取策略的前提下选择自己最合适的策略"的状态。这种均衡并非只有一个，往往存在多个。在满足纳什均衡的状态下，任何参与者打破均衡采取其他的策略都会使自身收益受到损害，因此这种稳定的状态会一直持续下去。

案例

一、案例2：选择两家银行合并后的系统

某年春，樱花盛开的时节，位于东京 CBD 一角的 A 银行总部中，系统科长吉田接到了一项特殊的命令。这项命令要求他针对即将到来的与 B 银行的合并，提出信息系统的整合方案。

日本金融界在金融大爆炸的影响下进入开放竞争时代。日本的金融机构迟迟未能解决泡沫经济时期的不良债权问题，外资金融机构趁此机

会收购走投无路的日本金融机构，或者与迫切需求全新金融领域技术和经验的日本金融机构展开合作，从而在日本市场站稳了脚跟。

A银行和B银行都是在泡沫经济时期称霸资本市场的大型银行，但如今收益率大幅下滑，资金量也无法与那些通过不断合并而发展壮大的欧美大金融集团相抗衡，如果继续这样下去最终必将一败涂地。

为了解决上述危机，A银行和B银行决定合并，并且都在暗中对存在的课题和问题点展开了讨论，A银行的经营层要求吉田秘密分析合并后的系统整合能够对成本削减起到哪些作用。

＊＊＊

近10年来，金融业已经转变为一个庞大的信息产业。在线服务与内部管理等系统网络已经成为当今金融机构业务中的核心。金融信息系统所涉及的内容非常广泛，从顾客的存款和借贷信息到顾客间的资金流动，以及顾客的资产和运用情况应有尽有。此外，金融信息系统还对包括海外分行在内的各部门的利息、汇率以及信用等各种风险情况都进行实时的分析和管理。各银行都在金融信息系统上投入了大量的资金。也就是说，在两家银行合并后，选择哪种信息系统将对今后的系统成本造成巨大的影响。

吉田在接到命令后，首先想到的是曾经因为工作关系结识的B银行系统科长野村。

"大概野村科长也从上司那里接到了同样的命令吧。虽然今后有可能要和他一起共事，但现在还不能挑明合并的事情。不过，在宣布合并的时候，应该也会同时宣布继续采用哪家银行的系统吧。"

吉田经过调查发现，现在 A 银行使用的是外资企业 D 公司的金融信息系统，而 B 银行使用的则是国内信息处理公司 E 公司的金融信息系统。

如果两家银行都采用 A 银行使用的 D 公司的系统，那么 A 银行的收益能够增加2亿日元。在这种情况下 B 银行为了保证系统的统一性，需要将系统换成和 A 银行一样的 D 公司的系统，收益只能增加1亿日元。反之，如果两家银行都采用 B 银行使用的 E 公司的系统，那么 A 银行的收益增加1亿日元，B 银行增加2亿日元。

最糟糕的情况是两家银行继续沿用各自的系统。在这种情况下两家银行实现了合并，但系统迟迟无法统一，无法通过合作使业务得到改善，反而都会出现1亿日元的损失。

只要系统能够统一，那么 两家银行能够合计取得3亿日元的收益。但从公司高层的角度来看，不管最后结果怎样，都希望自身能够取得最高的收益。况且两家银行最终可能并不能真正实现合并，只是停留在合作的层面上。

吉田开始努力寻找让两家银行都统一采用 D 公司信息系统的方法。最坏的情况就是野村科长坚持采用 E 公司的信息系统，结果两家银行无法实现系统的统一。吉田一边回忆对野村科长的印象，一边思考自己应该采取什么样的策略。

* * *

就在吉田制定信息系统统一计划的时候，C银行的行长来到A银行总部的行长办公室，秘密提出也想参与到A银行与B银行的合作中来，而吉田对此一无所知。

理论

在上一节中我为大家介绍过，如果各参与者存在"占优策略"，那么博弈的解就只有一个。占优策略是博弈论中非常强大的概念，参与者很难选择占优策略之外的其他策略。

比如案例1中的库克公司和戴尔公司，他们都很清楚一起选择支持安德森方式对双方来说是最有利的，而且戴尔公司也对库克公司提出了共同支持安德森方式的建议。即便如此，双方还是难以摆脱对遭到背叛的恐惧，最终选择了对双方来说都不是最佳结果的支持布什方式。

二、纳什均衡

在现实的博弈之中，不一定总是存在满足占优策略条件的策略，本节中的案例2就是这种情况。

虽然不存在占优策略，但对双方参与者来说都能够接受的均衡选择却很多。这种均衡被称为"纳什均衡"。

纳什均衡是博弈论中最重要的概念之一。这是由诺贝尔奖得主约翰·纳什提出的概念。在本节之中，我将主要为大家介绍什么是纳什均衡，并且以商业活动现场的案例为基础给大家说明纳什均衡选择的策略特征。

首先，让我们利用案例2中出现的参与者、策略以及收益来制作一个简单的收益矩阵（图表1-5）。

（一）参与者

参与者有"A银行"和"B银行"两个。这里用参与者1代表"A银行"，参与者2代表"B银行"。

（二）策略

两个参与者都可能选择D公司的系统或者E公司的系统。排列组合后得出以下4种结果。

（D公司，D公司）

（D公司，E公司）

（E公司，D公司）

（E公司，E公司）

（三）收益（单位为亿日元）

（D公司，D公司）

（+2，+1）

（D公司，E公司）

（-1，-1）

（E公司，D公司）

（-1，-1）

（E公司，E公司）

（+1，+2）

让我们通过收益矩阵中的数字来对这次博弈进行以下分析。

A银行应该怎样选择才能提高自身的收益呢？首先假设B银行选择D公司（选择D公司的纵列），那么A银行选择D公司的话自身的收益较高（+2）。但如果B银行选择E公司的话（选择E公司的纵列），A银行就应该选择收益更高（+1）的E公司。

在这种情况下，对方的选择会对A银行的策略造成影响。也就是说，从A银行的角度来看，不存在不管对方如何选择都对自身有利的占优策略。

图表 1–5 案例 2 的收益矩阵

		B 银行	
		D 公司	E 公司
A 银行	D 公司	（+2，+1）	（−1，−1）
	E 公司	（−1，−1）	（+1，+2）

同样的情况也适用于 B 银行。不管 A 银行选择 D 公司还是 E 公司，B 银行都要保持和 A 银行相同的选择才能获取较高的收益。对于 B 银行来说同样不存在占优策略。

在这种情况下，参与者应该如何选择策略呢？纳什均衡将告诉我们答案。

三、存在多个纳什均衡

用一句话来概括纳什均衡，就是“所有参与者都在‘以其他参与者的策略为前提的情况下，选择自己最合适的策略’的状态”。也就是说，一旦参与者们选择了满足纳什均衡的策略（以下简称为纳什均衡策略），那么不管博弈中的任何参与者选择其他任何策略，都不能使自身的收益增加。

在这种情况下，所有参与者都只能维持现状，从而实现一种"均衡"。与其他的策略组合相比，参与者实际选择纳什均衡策略的可能性更高，而且纳什均衡策略比占优策略出现的频率更高，所以是博弈的参与者都会优先考虑的策略。不过，在一次博弈中并非只有一种纳什均衡策略。一次博弈中存在多种纳什均衡策略的情况也很常见。

比如案例2的情况。假设实现了（D公司，D公司）的策略组合，而A银行却故意采取了选择E公司的策略，那么A银行的收益就会从+2变成−1。对于B银行来说也一样，如果只有B银行选择E公司，那么其收益就会从+1变成−1。在纳什均衡策略中，如果只有自己改变策略并不能使收益得到提高。

但这个博弈中的纳什均衡策略并不是唯一的。假设实现了（E公司，E公司）的策略组合，A银行或B银行单方面改变自己的策略也不会使收益得到提高。

在这里需要注意的问题是，占优策略也满足纳什均衡策略的条件。比如上一节中的案例1，占优策略（支持布什方式，支持布什方式）也满足纳什均衡策略的条件。如果其中一名参与者单方面选择支持安德森方式，并不会使自身的收益得到提高。

四、夫妻博弈与发现纳什均衡策略的方法

本节中案例的原型是被称为"夫妻博弈"的著名博弈模型。在原版的夫妻博弈之中，夫妻二人需要决定是去看拳击比赛还是去看歌剧。

对丈夫来说，看拳击（+2）比看歌剧（+1）的收益更大，而对妻子来说看歌剧（+2）比看拳击（+1）的收益更大。但是，两人都不想自己一个人去（-1）。在这种情况下，（拳击，拳击）（歌剧，歌剧）这两种策略组合都满足纳什均衡的条件（图表1-6）。

有一个简单的方法可以帮助我们通过收益矩阵来发现纳什均衡策略。

图表 1-6 夫妻博弈的收益模型

妻子

		拳击	歌剧
丈夫	拳击	（+2, +1）	（-1, -1）
	歌剧	（-1, -1）	（+1, +2）

首先沿纵列比较参与者1的收益，在最高的数值下划线（如果最高值有多个，则在所有最高值下面都划线）。其次沿横轴比较参与者2的收益，同样在最高值下划线。以图表1-5为例，划线后的结果如图表1-7所示。

如果在一个括号内有两个下划线，那么这个策略组合就是纳什均衡策略（图内灰色的部分）。即便有三个以上备选项的情况下，也同样可以使用这个方法来发现纳什均衡策略。

假设在参与者不变的情况下，可选的策略又增加了一个F公司。那么各策略组合的收益矩阵如图表1-8所示。

通过这个收益矩阵可以看出，两个参与者都有下划线的策略组合分别是（D公司，D公司）（E公司，E公司）（F公司，F公司）。因此在这种情况下，存在三种纳什均衡策略。

图表1-7 发现纳什均衡策略的方法①

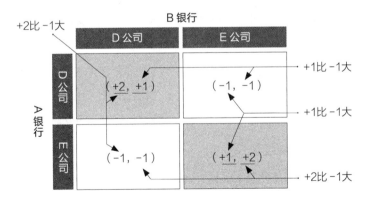

图表1-8 发现纳什均衡策略的方法①

B 银行

		D 公司	E 公司	F 公司
A 银行	D 公司	（+4，+4）	（+4，−1）	（+5，+4）
	E 公司	（−1，+4）	（+4，+4）	（+5，+3）
	F 公司	（+4，+5）	（+3，+5）	（+6，+6）

五、搞清楚实现纳什均衡的机制是今后的重要课题

虽然纳什均衡是博弈论中非常重要的概念，但并不意味着纳什均衡就是完美无缺的。

其中最重要的课题就是人们尚不清楚实现纳什均衡的机制。比如本节的案例2，A银行和B银行如果必须在事先没有任何交流，而且在不知道对方所选策略的情况下同时做出选择的话（同时博弈），要怎样才能实现纳什均衡策略呢？

纳什均衡策略一旦实现，任何参与者都不能再选择其他策略，这一点是毋庸置疑的，但实现纳什均衡策略的机制又是什么呢？在案例2中，如果 A 银行无法准确预测 B 银行的策略，就无法选择满足纳什均衡的策略。对于 B 银行来说也一样。如果想预测对方的策略，就必须掌握诸如"B 银行的态度一向很强硬，所以肯定会选择对自身有利的 E 公司""A 银行和 D 公司之间的关系非常密切，所以他们肯定会选择 D 公司"之类的其他信息。在没有掌握这些信息的情况下，两家银行很有可能选择纳什均衡之外的策略，也就是出现两家银行各自选择不同系统的情况。这也是导致纳什均衡遭到批判的主要原因。

从这个意义上来说，同样作为对各参与者的行动进行分析的概念，纳什均衡策略与占优策略相比存在着不确定性。而这种不确定性在一次博弈存在多个纳什均衡策略或者存在多个参与者的情况下又会有所提高。

比如像图表1-8那样，包括（F 公司，F 公司）的策略在内共有三个纳什均衡策略存在，参与者很难决定应该从这么多均衡中选择哪一个。另外在有两个以上参与者的情况下，想预测各参与者都会选择哪个均衡策略也非常困难。接下来让我们以有三名参与者的三人博弈为例进行一下思考。

六、三人之间的"夫妻博弈"

如果参与者从两个变成三个会发生怎样的变化呢？让我们在案例2

中加入第三名参与者（参与者3）C 银行再进行一下思考。三家银行的系统统一博弈状况如下。

（一）参与者

参与者有"A 银行""B 银行""C 银行"三个。参与者1代表"A 银行"、参与者2代表"B 银行"、参与者3代表"C 银行"。

（二）策略

与最开始的情况相同，各参与者从 D 公司和 E 公司之中二选一。排列组合后得出以下8种结果。

（D 公司，D 公司，D 公司）

（D 公司，D 公司，E 公司）

（D 公司，E 公司，D 公司）

（D 公司，E 公司，E 公司）

（E 公司，D 公司，D 公司）

（E 公司，D 公司，E 公司）

（E 公司，E 公司，D 公司）

（E 公司，E 公司，E 公司）

（三）收益

$$（D 公司，D 公司，D 公司）$$
$$（+2，+1，+1）$$
$$（E 公司，E 公司，E 公司）$$
$$（+1，+2，+1）$$

其他情况下全为（-1，-1，-1）

先说结论，即便参与者变成三个，同时博弈的基本概念仍然有效。与两人博弈之间的区别在于，随着参与者的增加，博弈模型变得更加复杂，分析起来更加困难。

而且在参与者不以合作为前提的博弈中，参与者数量越多，"纳什均衡"的不确定性就越大。

（四）三人博弈中建立收益矩阵的方法

当参与者变成三个之后，一个收益矩阵就无法表示全部参与者的策略了。于是只能通过多个矩阵来对三家银行的策略进行整理，如图表1-9所示。收益矩阵中括号内的数字顺序依次代表 A 银行、B 银行、C 银行的收益。

存在三个参与者的情况下，需要制作两个收益矩阵对更加复杂的收益状况进行整理。具体来说，就是用一个矩阵表示 C 银行选择 D 公司时各参与者的收益情况，用另一个矩阵表示 C 银行选择 E 公司时各参与者的收益情况。

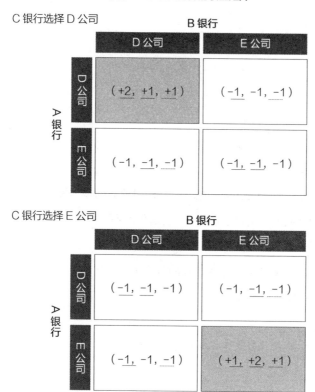

图表 1-9 三人博弈的收益矩阵

C 银行选择 D 公司

		B 银行	
		D 公司	E 公司
A 银行	D 公司	(+2, +1, +1)	(-1, -1, -1)
	E 公司	(-1, -1, -1)	(-1, -1, -1)

C 银行选择 E 公司

		B 银行	
		D 公司	E 公司
A 银行	D 公司	(-1, -1, -1)	(-1, -1, -1)
	E 公司	(-1, -1, -1)	(+1, +2, +1)

　　比如 A 银行、B 银行、C 银行选择（D 公司，E 公司，D 公司）时的收益情况，相当于上方收益矩阵中右上角的部分，选择（E 公司，E 公司，E 公司）时的收益情况则相当于下方收益矩阵中右下角的部分。

　　只有在三家银行全都选择 D 公司（或者全都选择 E 公司）的情况

下，收益矩阵括号内的数字全部为正，除此以外（三家银行没有选择相同系统）的情况，全部为负。

（五）在三人博弈中实现纳什均衡策略的方法

在这个收益矩阵中，可以根据和二人博弈相同的方法来发现纳什均衡策略。

首先在两个收益矩阵中比较参与者1和参与者2的收益。也就是首先沿着纵列对参与者1的收益进行比较，在数值高的下方划线，然后沿着横轴对参与者2的收益进行比较，在数值高的下方划线。收益相同的时候在所有相同的数值下划线。

然后比较参与者3的收益，在上下两个矩阵的相同格子（比如D公司，D公司的格子）中代表参与者3收益的数值（括号内最后一个数字）较大的下方划线。

比如对（D公司，D公司）的格子进行比较，参与者3的收益分别是+1和-1，那么就在数值较大的+1下方划线（图中用虚线表示）。其他格子中也用同样的方法划线。

在所有格子中，存在三条下划线的策略就是这个博弈的纳什均衡策略。对于这个案例来说，三家银行选择同一家公司的情况（D公司，D公司，D公司）以及（E公司，E公司，E公司）就是纳什均衡策略。

正如收益矩阵所显示的那样，一旦三家银行选择同一家公司，那么任何一家银行做出不同的选择都会使自身的收益受到损害。也就是说（D

公司，D公司，D公司）以及（E公司，E公司，E公司）的策略组合，满足"所有参与者在只有自己选择其他策略的情况下都会使自身的收益受到损害"这一纳什均衡成立的条件。

在这个三人博弈的案例中，纳什均衡中的最大问题——实现机制尚不明确表现得更加明显。在需要对其他参与者可能采取的策略进行预测的情况下，A银行的负责人不但要预测B银行的行动，还要预测C银行的行动。而且如果无法获得其他参与者相关信息的话，做出纳什均衡策略之外选择的可能性就变得更高了。

七、事实标准也是纳什均衡的一种

参与者采取同样的行动能够获得较多的收益，如果只有一人采取不同的行动则收益降低，这种情况在商业活动的现场可以说屡见不鲜。比如betamax和VHS之间的录像格式之争，手机之间的摩托罗拉和NTT之争，电脑之间的IBM和MAC之争，HDTV的格式之争等。

事实标准实际上也是一种纳什均衡状况。特别是在没有法律规定的情况下，某种格式成为市场标准——比如电脑系统中的Windows——使用其他格式的消费者就很难增加自身的收益。事实上，IOS系统的软件价格一般都比Windows系统的软件价格更高。因此消费者只能屈从于事实标准。

专栏：日常生活中的纳什均衡

在我们的日常生活中，也时常能够发现纳什均衡的存在。

比如在车站搭乘自动扶梯的时候。为了给赶时间的人让开一条快速的通道，搭乘自动扶梯的人都会自觉站在同一侧。如果每个人都按照自己的喜好随意站的话，那么赶时间的人就没办法快速通过。如果在其他人都站在同一侧的情况下，只有自己一个人站在另一侧，会让人感觉很不好意思，最终自己也会和其他人站到同一侧去。这就是纳什均衡。

至于在自动扶梯上究竟应该站在哪一侧，不同的国家和地区都有不同的习惯。东京地区乘客在左侧站立，行人在右侧通行，而大阪地区则是行人在左侧通行。英国也是左侧通行、右侧站立。从全世界范围来看，似乎采用英国方式的国家居多。

为什么只有东京地区的习惯不同呢？原因至今尚未解明。但不管怎样，一旦这种均衡的状态实现，那么就没有人愿意打破这种均衡。

顺带一提，最先进的演化博弈论（第2部第4章）正在尝试解明实现这种稳定状态的过程。

第3节：猜硬币博弈与混合策略

要点

在不存在纯策略纳什均衡的博弈中，随机选择策略的混合策略往往能够发挥出效果。另外，不管对方如何随机选择，自己的期望收益都固定不变的状况被称为混合策略纳什均衡。即便在存在纯策略纳什均衡的博弈中，也可能存在混合策略纳什均衡。与纯策略纳什均衡相比，混合策略纳什均衡的期待收益更低。在多个均衡策略中做选择的时候，可以将收益劣势和对称均衡作为选择基准。

案例

一、案例3：晚报的市场份额之争

欧洲 D 国的首都 B 市白天人口与夜晚人口差异极大，在 B 市工作的人几乎都住在郊区，每天坐地铁上下班。因此，很多人都习惯下班回家时顺便在车站的报刊亭买一份晚报。在种类繁多的晚报中，将尖锐的政治评论和社会新闻以及体育娱乐新闻完美综合在一起的"评论报"最受欢迎。

B市有两家报社出版这种"评论报",一个是老牌报社"B时事"另一个是新兴报社"B邮报"。B时事比较保守且言辞犀利,B邮报则比较新潮且评论相对温和,但两份报纸的读者群体并没有明显的区别。

在B市通勤工作的人中,大约有20万人会在回家的路上购买评论报。但这些读者都是为了消磨坐车的时间,所以很少有人会一起买两份报纸。

至于两份报纸的内容质量,读者普遍认为老牌报社"B时事"要更胜一筹。这一点从两份报纸的市场份额上就能够看得出来,现在两份报纸的市场份额分别是B邮报40%、B时事60%。但两份报纸的销售比例并不总是4比6。在头版刊登某些特别报道的时候,B邮报的销量反而更高。因为头版的内容很容易吸引读者的目光,所以看到头版内容的顾客可能会改变自己的购买行动。

＊ ＊ ＊

B邮报的新任主编施密特命令部下艾伦对过去两份报纸的特别报道和当时的销量进行分析。施密特的目标是将现在4比6的销售比例变成5比5。为了实现这一目标,脚踏实地的做法是招募和培养优秀的作者和编辑,当然施密特也很清楚这一点。不过他也希望能够通过对特别报道的调整,尽量提高自身的市场份额。

根据他的经验,当两份报纸都刊登同样种类的特别报道时,B邮报的销量就比平时更好一些。反之，如果两份报纸刊登不同种类的特别报道，那么 B 邮报的销量就远远不及 B 时报。

奉命调查10天后，艾伦提交了一份调查报告。

"施密特主编，我对过去的数据进行调查之后发现了一个非常有趣的情况。"

"哦？什么情况？"

"正如主编您所说的那样，如果 B 邮报和 B 时报刊登同样种类的特别报道，我们的销量就会增加。"

"果然如此吗。那么具体的数字是多少呢？"

"B 时报在头版刊登政治社会相关专题的时候，如果我们也刊登政治社会相关专题，那么就能够获得6成的市场份额。如果 B 时报在头版刊登娱乐体育相关专题，我们也同样刊登娱乐体育相关专题，则能够获得4成的市场份额。反之，如果对方刊登政治社会专题我们却刊登娱乐体育专题，或者对方刊登娱乐体育专题我们却刊登政治社会专题，那么我们的市场份额就非常少。或许在刊登同种类专题的时候，我们因为更加新潮和评论相对温和，所以更受读者的喜爱吧。"

"反之，在刊登不同种类专题的时候，取材能力更强的 B 时报比我们更有吸引力对吧。原来如此，辛苦你了艾伦，回去好好休息休息吧。"

施密特仔细地阅读了艾伦提交的报告，然后将艾伦整理出来的数据制成了一张图表。通过将状况图表化，可以更加清楚地看出采取什么策略对自己最有好处。（图表1-10）

图表 1-10 施密特制作的图表

		B 时报	
		政治社会	娱乐体育
B 邮报	政治社会	（60%，40%）	（20%，80%）
	娱乐体育	（30%，70%）	（40%，60%）

这个图表显示的是当 B 邮报和 B 时报刊登相应种类的特别报道时 B 邮报和 B 时报的期待份额。比如当 B 邮报和 B 时报都在头版刊登政治社会特别报道的时候，B 邮报的市场份额为60%，B 时报的市场份额则为40%。

施密特感到有些头疼。因为 B 邮报没有绝对优于其他的选项，策略的效果会随着对方的选择而发生改变。对于 B 邮报来说最好的策略组合是 B 时报刊登政治社会专题，B 邮报也刊登政治社会专题，但对方可不会听凭施密特的摆布。

同时施密特也注意到，娱乐体育专题并非总是 B 时报的最优策略。也就是说，在 B 时报刊登娱乐体育专题而 B 邮报也刊登娱乐体育专题的情况下，B 时报的收益还不如 "B 邮报政治社会，B 时报娱乐体育" 的策略组合。

进行了上述分析之后，施密特终于意识到了这个问题的本质。那就是在无法根据对方的选择来采取相应对策的前提下，B 邮报和 B 时报就像是某种赌博中的庄家与闲家的关系，谁也没有占据绝对优势的战术，只能推测对方的行动。施密特本身还经营着一家赌场，精于此道的他得出了如下的结论。

"归根到底还是概率的问题。关键在于选择能够让期待值最大化的策略组合。"

他取出纸笔，试着将这个策略组合计算出来。

B 邮报刊登政治社会专题的概率 =P

B 邮报刊登娱乐体育专题的概率 =（1-P）

B 时报刊登政治社会专题的概率 =Q

B 时报刊登娱乐体育专题的概率 =（1-Q）

在这种情况下 B 邮报的期待份额如下。

$$0.6PQ+0.3（1-P）Q+0.2P(1-Q)+0.4(1-P)(1-Q)=$$
$$0.5PQ-0.1Q-0.2P+0.4=$$
$$0.5(P-0.2)(Q-0.4)+0.36$$

由此可见，如果 B 邮报以20%的概率刊登政治社会专题，那么不管 B 时报按照何种比例来对专题进行排列组合，从长时间的期待值来看，B 邮报都能够得到36%的市场份额。如果 B 邮报选择"政治社会专题20%"以外的比例来对专题进行排列组合，那么市场份额的期待值将随着 B 时报的选择而出现波动，可能比36%更高也可能更低。

施密特又看了看艾伦提交的报告。根据他整理的数据可以看出，最近两份报纸的专题内容都是"政治社会占60%，娱乐体育占40%"。将这个数据带入到上述公式中可以计算出 B 邮报的市场份额如下。

$$0.5×（0.6-0.2）×（0.6-0.4）+0.36=0.40$$

这个数字与实际的数字完全一致，施密特心中想道。

"原来如此。如果对方采取最优策略的话我们只能获得36%的市场份额，现在多亏对方没注意到这一点，所以我们才能维持40%的市场份额。与其贸然增加政治社会专题的比例刺激对方，不如维持现状更好。"

施密特不禁对自己的聪明才智洋洋自得起来。

"趁着对方还没意识到这个问题的时候，我们要抓紧时间提高自身的取材能力和编辑能力了。"

* * *

就在这个时候，B 时报的副主编卢津斯基结束外派工作回到编辑部，他在分析了近期两份报纸的相关数据后，也得出了和施密特完全相同的结论。

"如果按照政治社会专题40%、娱乐体育专题60%的比例，我们能够获得64%的市场份额，比现在的60%更高。如果以此作为底线，假设对方维持当前的比率，那么我们可以将娱乐体育专题的比重提到最高，反之如果对方将政治社会专题的比率减少到20%以下的话，那么我们只要提高政治社会专题的比率就可以了。"

坚信自己已经完全把握了状况的卢津斯基立刻打开电脑给主编发送了一封邮件。

理 论

在前面两节中，我通过占优策略和纳什均衡策略这两个概念，为大家说明了参与者在博弈中会采取怎样的行动。

但在某些博弈状况下，有可能出现即便根据纳什均衡的概念也无法确定策略（纯策略）的情况。

比如本节中介绍的案例，即便通过纳什均衡的概念也找不出纯策略。在这种情况下，就需要用到混合策略纳什均衡的概念了。

二、猜硬币博弈

"猜硬币博弈"是最具代表性的不存在纯策略纳什均衡的博弈模型。在这个博弈中，两个参与者各使用一枚硬币进行如下规则的博弈。

两人同时将硬币放在桌子上，如果两枚硬币同为正面或者同为反面，那么参与者2获胜，从参与者1处拿100日元。反之如果两枚硬币不是同一面，那么参与者1获胜，从参与者2处拿100日元。这个博弈非常简单，只是为了说明纯策略纳什均衡与混合策略纳什均衡的区别而虚构出来的博弈。

将这个博弈的策略与收益整理成收益矩阵的话如图表1-11。

图表 1-11 猜硬币博弈的收益矩阵

		参与者 2	
		正面	反面
参与者 1	正面	（-100, +100）	（+100, -100）
	反面	（+100, -100）	（-100, +100）

正如我在上一节中说明过的一样，要想找出纳什均衡，首先各参与者要在考虑对方可能采取的策略的前提下，在自己认为能够获得更多收益的策略下方划线。但在这个收益矩阵中，没有任何一格出现两名参与者都有下划线的收益。也就是说，在这个博弈中不但不存在占优策略，甚至也不存在满足纳什均衡的策略组合。这意味着不管参与者选择矩阵中的哪一个策略组合，只要收益较少的参与者改变策略，那么改变策略的参与者就能够获得更多的收益。

以（正面，正面）的策略组合为例。在这个状况下，参与者2将获得100日元的收益，但如果参与者1改变策略选择（反面，正面）的策略组合，那么参与者1的收益就将从 −100变成 +100。如果当前的策略组合是（正面，背面），那么参与者2单独改变策略选择使其变成（正面，正面）的话，那么就可以使自己的收益从 −100变成 +100。

图表1-11的收益矩阵中全部4种策略组合（正面，正面）（正面，反面）（反面，正面）（反面，反面）全都不符合纳什均衡的条件。在博弈论中，能够让参与者做出确定行动的策略被称为"纯策略"。因此，在这个猜硬币博弈中，可以说不存在纯策略纳什均衡。

那么，这就意味着在这个博弈中不存在均衡策略吗？

三、随机化与混合策略

事实上，很多博弈都不存在纯策略纳什均衡。比如猜拳博弈，"石头""剪刀""布"（这些都是纯策略）不管哪一个都不是能够保证一直取胜的策略。

在猜拳的时候，如果想战胜对方首先必须考虑什么呢？答案是绝对不能让对方摸清自己的习惯。如果被对方发现"（即便是在无意识之中）自己有出石头的习惯"，那么对方就会相应地多出布来提高自身的胜率。

猜硬币博弈和猜拳非常相似。唯一的区别就是猜硬币博弈只有正面和反面两种纯策略。从这个角度来说，在进行猜硬币博弈的时候首先应该注意的一点就是不要让对方发觉到自己出正面和出反面的习惯，采取完全随机的方式。像这样不采取纯策略，而是根据一定的概率进行随机选择的策略被称为"混合策略"。

混合策略

接下来我将用数学的概念来对混合策略进行说明。将参与者1选择正面的概率设为 P_1（因此选择反面的概率就是 $1-P_1$），参与者2选择正面的概率设为 P_2（选择反面的概率是 $1-P_2$），而且每个参与者都知道这个数字。因为混合策略是随机选择策略，所以每个参与者都能够事先计算"自己能够获得多少收益"。

这种预先估算出来的收益被称为期待收益。在这个博弈中，期待收益就是将对方选择正面或者反面的情况下所获得的收益乘以对方这样做的概率。期待收益就是数学概率论中"期待值"的一种。

让我们再次以图表1-11的猜硬币博弈为例进行一下思考。假设参与者1选择正面，在这种情况下如果参与者2也选择正面那么参与者1的期待收益就是 −100，而参与者2选择反面的话参与者1的期待收益就是 +100，将上述收益分别乘以参与者2选择正面和反面的概率，得出以下算式。

参与者1选择"正面"时的期待收益 =
$$P_2 \times (-100) + (1-P_2) \times (+100) \cdots\cdots ①$$

参与者1选择"反面"时的期待收益 =
$$P_2 \times (+100) + (1-P_2) \times (-100) \cdots\cdots ②$$

但因为参与者1自己选择正面和反面的概率也是随机的 P_1 和 $1-P_1$，所以参与者1的总计期待收益如下。

参与者1的总计期待收益 =
$$P_1 \times (参与者1选择"正面"时的期待收益) +$$
$$(1-P_1) \times (参与者1选择"反面"时的期待收益) \cdots\cdots ③$$

将算式①和②带入算式③之中，经整理后得出如下算式。用同样的方法还可以计算出参与者2的期待收益。

$$参与者1的总计期待收益 =$$

$$P_1 \times (200-400P_2) +200P_2-100$$

$$参与者2的总计期待收益 =$$

$$P_2 \times (-200+400P_1) -200P_1+100$$

四、混合策略纳什均衡及发现方法

那么在这种情况下，各参与者应该选择怎样的策略呢？在博弈论中，"在所有参与者都维持当前随机化概率的前提下，只有一名参与者改变随机化概率无法增加自身收益的状态"被称为均衡状态。

也就是说，不管参与者2选择怎样的 P_2（随机化概率），参与者1都会选择不让参与者2的期待收益发生变化的 P_1，而不管参与者1选择怎样的 P_1（随机化概率），参与者2也会选择不让参与者1的期待收益发生变化的 P_2。

在这种情况下，从参与者2的角度出发，就必须选择能够使"参与者1选择正面时的期待收益"和"参与者1选择反面时的期待收益"相等的 P_2。

参与者1选择"正面"时的期待收益 =

$$P_2 \times (-100) + (1-P_2) \times (+100) \cdots\cdots ④$$

参与者1选择"反面"时的期待收益 =

$$P_2 \times (+100) + (1-P_2) \times (-100) \cdots\cdots ⑤$$

如果上述两个算式相等，那么可以整理成如下算式。

$$P_2 \times (-100) + (1-P_2) \times (+100) =$$
$$P_2 \times (+100) + (1-P_2) \times (-100)$$

计算后得出 $P_2=0.5$。

这样一来我们就可以根据算式③计算出参与者1的总计期待收益。

参与者1的总计期待收益 =

$$P_1 \times (200-400P_2) + 200P_2 - 100 =$$
$$P_1 \times (200-200) + 100 - 100 = 0$$

在这种情况下，不管参与者1选择的 P_1（随机化概率）是多少，其总计期待收益都为零。

同样，不管参与者2选择的 P_2 是多少，其总计期待收益也是零。

这种状态被称为混合策略纳什均衡。在这种状态下，只要其他参与者都保持随机化概率不变，那么任何参与者单独改变自身的随机化概率，都无法使自身的期待收益增加。

在这个猜硬币博弈中，$P_1=0.5$、$P_2=0.5$的组合就是混合策略纳什均衡。在第2节中为大家说明的纳什均衡策略是以纯策略为对象，因此准确地说应该称之为纯策略纳什均衡。

混合策略纳什均衡这一概念实际上就是将纯策略纳什均衡应用在混合策略上而已。所有参与者在只有自身采取不同策略的情况下无法获取更多的收益的状态就是纳什均衡。混合策略纳什均衡也一样，如果只有自身选择不同的随机化概率也无法获取更多的收益。从这个意义上来说，混合策略纳什均衡也是满足纳什均衡条件的均衡状态。

综上所述，在猜硬币博弈之中，虽然不存在纯策略纳什均衡，却存在混合策略纳什均衡。而且混合策略纳什均衡对于这个博弈中各参与者来说都是最优策略。

那么在实际操作中要如何执行这种策略呢？从参与者1的角度来说，为了保持$P_1=0.5$的随机化概率，就必须让对方知道自己会按照相同的概率选择正面和反面。但这就出现了一个问题，如果参与者1有更多选择正面（或者反面）的习惯，而且这个习惯还被参与者2发现了，那么均衡状态就会被打破。也就是说，参与者1的行为模式被参与者2识破，那么参与者1就将遭受损失。

人类自以为随机的行动和选择，实际上往往存在某种行为模式。一旦这种行为模式被其他拥有敏锐洞察力的参与者发现，并且对自身的策略做出相应的调整，那么这名参与者就能够获得更多的收益。擅长赌博的人往往能够凭借某种本能的直觉来摸清对方的行为模式。因此，博弈的参与者要想不被这样的人钻空子，只能严格地按照随机化概率来进行选择。

幸运的是，有一个非常简单的实现随机化概率的方法。那就是直接扔硬币，让硬币自己掉落在桌面上。只要桌面和硬币都没有任何形状上的缺损，那么硬币出现正面和反面的概率一定是五五开。

五、案例3中的随机化

接下来我将对本节中介绍的案例3"晚报的市场份额之争"中存在的博弈做简单的说明。首先请看这个博弈的收益矩阵（图表1-12）。这里的收益或者期待收益就是两份报纸各自的市场份额（销售比例）。为便于计算，此处的百分比用小数点表示。

正如图表1-12所示，这是一个和猜硬币博弈一样不存在纯策略纳什均衡的博弈。我们按照案例中介绍的前提条件，在 B 邮报和 B 时报分别按照 P 和 Q 的概率随机化刊登"政治社会"与"娱乐体育"专题的情况下，计算出满足混合策略纳什均衡 的 P 和 Q。

B 时报

	政治社会	娱乐体育
政治社会	(<u>0.6</u>, 0.4)	(0.2, <u>0.8</u>)
娱乐体育	(0.3, <u>0.7</u>)	(<u>0.4</u>, 0.6)

B 邮报

从 B 邮报的角度来看，肯定会选择不管 B 时报选择何种 Q 都无法增加 B 时报自身收益的 P。

B 时报选择"政治社会"时的期待收益 =
$$P × (0.4) + (1-P) × (0.7)$$

B 时报选择"娱乐体育"时的期待收益 =
$$P × (0.8) + (1-P) × (0.6)$$

当两者相等时，算式如下所示。

$$P × (0.4) + (1-P) × (0.7) =$$
$$P × (0.8) + (1-P) × (0.6)$$

计算可得 P=0.2，此时 B 时报的总计期待收益为64%（Q 相互抵消）。

B 时报的总计期待收益 =

$$Q \times [P \times (0.4) + (1-P) \times (0.7)] +$$

$$(1-Q)[P \times (0.8) + (1-P \times (0.6)] =$$

$$Q \times [0.2 \times (0.4) + (1-0.2) \times (0.7)] +$$

$$(1-Q)[0.2 \times (0.8) + (1-0.2) \times (0.6)] = 0.64$$

经同样方式的计算可以得出 Q=0.4的时候，B 邮报不管选择何种 P 都无法提高自身的期待收益（市场份额），在这种情况下 B 邮报的总计期待收益（市场份额）为36%。

综上所述，当混合策略纳什均衡在这个案例中成立的情况下，就会出现如下的状态。

B 邮报：按照政治社会专题20%、娱乐体育专题80%的概率随机化刊登。

B 时报：按照政治社会专题40%、娱乐体育专题60%的概率随机化刊登。

在这种混合策略下，B 邮报能够获得36%的市场份额、B 时报则能够获得64%的市场份额。不管 B 邮报还是 B 时报，如果单方面选择其他的随机化概率刊登专题，都无法提高自身的收益。

六、案例2中的混合策略纳什均衡

在本节中，我通过猜硬币博弈和案例3，为大家介绍了在不存在纯策略纳什均衡的博弈中，利用混合策略纳什均衡选择均衡策略的方法。不过在存在纯策略纳什均衡的博弈中，也可能存在混合策略纳什均衡。接下来让我们一起来看一看案例2的博弈中是否存在混合策略纳什均衡。

首先请看图表1-13，这是案例2的收益矩阵。正如前文中说明过的那样，在这个博弈中有（D公司，D公司）（E公司，E公司）两个纯策略纳什均衡。

图表1-13 选择银行系统的收益矩阵

		B 银行	
		D 公司	E 公司
A 银行	D 公司	（+2，+1）	（-1，-1）
	E 公司	（-1，-1）	（+1，+2）

但在这个博弈中，也可以使用前文中提到的方法来发现混合策略纳什均衡。

将 A 银行选择 D 公司的概率设为 P_1（选择 E 公司的概率为 $1-P_1$），B 银行选择 D 公司的概率设为 P_2（选择 E 公司的概率为 $1-P_2$）。

$$A 银行选择 D 公司时的期待收益 =$$
$$P_2 \times (+2) + (1-P_2) \times (-1)$$

$$A 银行选择 E 公司时的期待收益 =$$
$$P_2 \times (-1) + (1-P_2) \times (+1)$$

$$A 银行的总计期待收益 =$$
$$P_1 \times A 银行选择 D 公司时的期待收益 +$$
$$(1-P_1) \times A 银行选择 E 公司时的期待收益 =$$
$$P_1 \times (-2+5P_2) -2P_2+1$$

因为 B 银行会选择使前两个数值相等的 P_2，因此计算可得 $P_2=0.4$。此时不管 A 银行选择的 P_1 是多少，其总计期待收益都是固定的0.2亿日元。同样 A 银行为了不管 B 银行选择 D 公司还是 E 公司都得到同样的期待收益，选择的 $P_1=0.6$。

在这种情况下，不管 B 银行选择的 P_2 是多少，都固定得到0.2亿日元的期待收益。综上所述，这个博弈中存在混合策略纳什均衡，其概率

的组合为 P_1=0.6、P_2=0.4。

那么要怎么做才能实现这个混合策略纳什均衡呢？因为概率并非0.5，所以不能像猜硬币博弈那样靠扔硬币来实现随机化，但可以用抽签来实现随机化。比如A银行可以准备10个纸条，6个红色的4个蓝色的，然后闭上眼睛随机抽选，抽中红色的就选择D公司，抽中蓝色的则选择E公司。B银行刚好和A银行相反，抽中红色的选择E公司，抽中蓝色的选择D公司。当然，A银行和B银行互相都不知道对方抽中了什么颜色。

七、从多个纳什均衡策略中选出最佳策略的基准

这个混合策略的期待收益（0.2，0.2）与纯策略的期待收益（2，1）或者（1，2）相比要少得多。这究竟是为什么呢？原因在于两家银行都是用抽签决定采取什么行动，所以两家银行偶然选择相同系统（D公司，D公司）（E公司，E公司）的概率是0.6×0.4=0.48。

而抽签还会导致出现（D公司，E公司）（E公司，D公司）这种两家银行最不希望看到的结果。出现（D公司，E公司）的概率是0.6×0.6=0.36，出现（E公司，D公司）的概率是0.4×0.4=0.16，合计是0.36+0.16=0.52。也就是说，通过抽签来决定的混合策略有52%的概率导致两家银行选择不同的系统。出现这种两败俱伤结果的概率超过一半，期待收益当然会下降。

在这种混合策略纳什均衡的状态下，两个参与者获得的收益（期待

收益）比纯策略纳什均衡获得的收益更少。像这样存在多个均衡状态的情况下，与其他均衡相比获得收益（期待收益）更少的均衡策略被称为收益劣势策略。

另外，任何参与者通过这个混合策略获得的期待收益都是相同的（0.2，0.2）。这种所有参与者获得的收益（期待收益）都相同的均衡被称为对称均衡。

对于存在多个均衡的博弈来说，收益劣势和对称均衡就是选择博弈解的基准。至于应该采取哪种基准则需要具体问题具体分析。比如A银行和B银行的策略重点是希望获得相同的收益，那么两家银行就应该选择满足对称均衡条件的混合策略纳什均衡，但如果双方都想获得更多的收益，那就应该避免选择满足收益劣势的混合策略纳什均衡，尽量在两种纯策略纳什均衡之间做出选择。

在实际应用中，即便两家银行获取的收益不同，一般来说都更倾向于选择纯策略纳什均衡。但如果参与者之间的收益差距非常悬殊，那么也会出现参与者更重视对称均衡的情况。

看到这里相信大家都已经发现，在博弈中存在多个均衡的情况并不是什么稀奇的事情。在商业活动的现场，像案例2那样存在多个参与者都能够接受的选择的情况十分常见。

至于参与者如何在多个均衡策略中选出最适合自己的策略并且使之实现，不管对博弈论的研究者还是对博弈论的应用者来说，都是非常重要的课题。

八、多人博弈中的混合策略纳什均衡

最后让我们来看一看当存在三个以上参与者的情况下，发现混合策略纳什均衡的方法。让我们继续用第2节案例2的三人博弈版来对混合策略纳什均衡进行解说（图表1-14）。想更详细了解混合策略纳什均衡的读者可以参阅本节最后的专栏。

图表1-14 三人博弈的收益矩阵

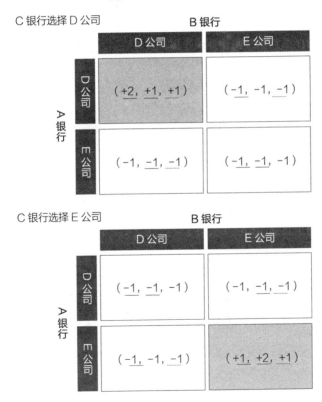

先说结论，在三人博弈的情况下，A 银行、B 银行、C 银行选择 D 公司的概率分别是0.6、0.4、0.5。这时 A 银行和 B 银行的期待收益是 -0.4 亿日元，C 银行的期待收益是 -0.52亿日元。

让我们对比一下三人博弈与二人博弈的混合策略纳什均衡所取得的期待收益。A 银行和 B 银行在三人博弈中采用和二人博弈同样的概率进行随机化选择[①]。但他们从混合策略中获得的期待收益却比二人博弈时的0.2亿日元相比下降了许多。这究竟是为什么呢？

答案其实很简单。因为在混合策略中各参与者都随机做出选择，所以三个参与者全都选择同一家公司的概率比二人博弈的时候更低。

接下来让我们再用前文中提到过的猜硬币博弈来思考一下混合策略纳什均衡。在二人博弈中，只要各参与者都以0.5的概率选择正面和反面，那么两人同时出现（正面，正面）或者（反面，反面）的概率各为0.25。也就是合计0.5（二分之一）。

但如果博弈的参与者变成三个，那么所有参与者都选择正面或者反面的概率就变成了0.5×0.5×0.5=0.125。合计只有0.25，概率降低到了四分之一。

顺带一提，如果参与者变成四个，那么选择同一面的概率是八分之一。参与者变成十个的话概率更会低到可怜的0.002。这个数字意味着需

---

① 在这个案例中 C 银行选择 D 公司和 E 公司的随机化概率刚好是各0.5，所以才会出现这样的结果。但实际上参与者在三人博弈中继续按照二人博弈时的随机化概率进行选择不一定会实现混合策略纳什均衡。

要进行500次博弈才可能出现一次这样的情况。

正如前文中说明过的那样，如果将混合策略看作是"随机抽签策略"，那么博弈的参与者越多，出现期望结果的概率就越低。在案例2的三人博弈中，出现（D公司，D公司，D公司）和（E公司，E公司，E公司）的概率分别是0.6×0.4×0.5=0.12，合计0.24。这个概率刚好是二人博弈时的二分之一。

反之，剩下0.76也就是大约四分之三的概率，会出现三家银行没有选择相同系统这个大家都不希望看到的结果。

综上所述，从期待收益的角度考虑的话，在这个三人博弈中如果选择混合策略纳什均衡，导致收益降低的可能性比二人博弈的时候更高。

至于多人博弈中的纯策略纳什均衡，正如第2节中介绍过的那样，"目前人们尚不清楚实现纳什均衡的机制"，在思考应该选择何种策略的时候必须意识到这一点。与只有两个参与者相比，要预测三个参与者各自会采取什么策略显然更加困难。

在这种各参与者相互之间存在利害关系的多人博弈之中，如何避免参与者随机化选择导致选中收益劣势策略，以及促使参与者都选择能够获得最高收益的纯策略纳什均衡，对于所有参与者来说都至关重要。

专栏：混合策略的思考方法

按照和第3节同样的方法将ABC三家银行选择D公司的概率分别

设为 P_1、P_2、P_3（因此选择 E 公司的概率就是 $1-P_1$、$1-P_2$、$1-P_3$）。

那么对于 A 银行来说，当 A 银行选择 D 公司的情况下，只有在 B 银行和 C 银行都选择 D 公司，即此概率为 $P_2 \times P_3$ 时，收益才是 +2，除此之外的其他情况收益都是 -1。而当 A 银行选择 E 公司的情况下，只有在 B 银行和 C 银行都选择 E 公司，即概率为 $(1-P_2) \times (1-P_3)$ 时，收益才是 +1，除此之外的其他情况收益都是 -1。

A 银行选择 D 公司的期待收益 =

$$P_2 \times P_3 \times (+2) + (1-P_2 \times P_3) \times (-1) \cdots\cdots A ①$$

A 银行选择 E 公司的期待收益 =

$$(1-P_2) \times (1-P_3) \times (+1) + [1-(1-P_2) \times (1-P_3)] \times (-1) \cdots\cdots A ②$$

A 银行的总计期待收益 =

$P_1 \times$ A 银行选择 D 公司的期待收益 +

$(1-P_1) \times$ A 银行选择 E 公司的期待收益

同样可以算出 B 银行和 C 银行的期待收益。

B 银行选择 D 公司的期待收益 =

$$P_1 \times P_3 \times (+1) + (1 - P_1 \times P_3) \times (-1) \cdots\cdots B ①$$

B 银行选择 E 公司的期待收益 =

$$(1 - P_1) \times (1 - P_3) \times (+2) +$$

$$[1 - (1 - P_1) \times (1 - P_3)] \times (-1) \cdots\cdots B ②$$

B 银行的总计期待收益 =

$P_2 \times$ B 银行选择 D 公司的期待收益 +

$(1 - P_2) \times$ B 银行选择 E 公司的期待收益

C 银行选择 D 公司的期待收益 =

$$P_1 \times P_2 \times (+1) + (1 - P_1 \times P_2) \times (-1) \cdots\cdots C ①$$

C 银行选择 E 公司的期待收益 =

$$(1 - P_1) \times (1 - P_2) \times (+1) +$$

$$[1 - (1 - P_1) \times (1 - P_2)] \times (-1) \cdots\cdots C ②$$

C 银行的总计期待收益 =

$P_3 \times$ C 银行选择 D 公司的期待收益 +

$(1 - P_3) \times$ C 银行选择 E 公司的期待收益

A 银行、B 银行、C 银行不管选择 D 公司还是 E 公司都得到同样的收益状态下的 P_1、P_2、P_3 满足混合策略纳什均衡的条件，所以满足以下三个等式的 P_1、P_2、P_3 就是混合纳什均衡。

$$A① = A②$$
$$B① = B②$$
$$C① = C②$$

这部分的计算稍微有些复杂，需要用三个方程来求出三个未知数的解。最后计算出的结果是 $P_1 = 0.6$、$P_2 = 0.4$、$P_3 = 0.5$。

第4节：连续策略、连续收益与
寡头垄断下的竞争理论

要点

在市场处于寡头垄断下且拥有无限多个（连续的）纯策略的情况下，可以用古诺竞争模型和伯川德竞争模型来对策略进行分析。在这种情况下，自身的收益会受到对方策略的影响。纳什均衡的思考方法也适用于这种存在连续策略的场合。

案例

一、案例4：面包店老板的竞争

F面包是偏僻的C镇的一家面包生产企业。C镇还有一家面包生产企业叫作G烘焙，两家企业相互竞争，市场份额不相上下。F面包的老板山田先生和G烘焙的老板白河女士多年以来一直是竞争对手，因此关系恶劣，即便在这个面积并不大的小镇子里偶然相遇也互不理睬。

不久之前，有一家汽车企业在小镇附近动工建造汽车工厂。由于工厂位于一片广阔的农田之中，附近不但没有食堂甚至连个便利店都没有，于是这家汽车企业委托 A 餐饮集团在工厂建成后为食堂提供食材。A 餐饮集团的老板石川找到山田，希望他能够提供一些面包。当然，石川同样也向 G 烘焙的白河提出了同样的请求。

* * *

面对和竞争对手之间的正面竞争，山田当然不想输给白河。但就在他冥思苦想如何比对方获得更多订单的时候，石川忽然发来一封奇怪的邮件。邮件上写明了采购面包的条件。

"我打算向 F 面包和 G 烘焙订购面包。要求每袋装10片的切片面包，重量、品质、切片数必须完全一致。包装袋上不要打印商标。订购价格为200减去两家企业供应的面包总数。

比如两家企业合计供应了70袋面包，那么一袋面包的价格就是130日元，如果两家企业合计供应了100袋面包，那么一袋面包的价格就是100日元。但考虑到生产成本，订购价格最低不会少于70日元。也就是说，如果两家企业合计供应了130袋以上的面包，那么我将以70日元一袋的价格全部收购。请两家企业在上述条件下适当调整供应数量，尽可能地保证自身利益。不过，两家企业事先不能对供应数量进行协商。"

看完这封邮件之后山田不由得露出苦笑的表情。

"石川可能不知道我跟白河是死对头吧，我怎么可能跟她协商。

不过在这个小镇上，人人都知道我跟白河的关系，石川大概也是听说了什么才故意设置了这么一个对他自己有利的订购条件。总之不管怎样，我都要想出一个比 G 烘焙更赚钱的对策来，这是个打击对方的大好机会。"

但石川似乎知道这种面包的生产成本最低也要80日元。而且 F 面包和 G 烘焙因为生产技术和原料都基本相同，在生产成本上根本拉不开差距，这也是众所周知的事实。石川将最低订购价格定在70日元，或许也是为了从成本上限制两家企业的供应数量，避免出现过度竞争的局面。

＊　＊　＊

山田感到有些烦恼。如果他害怕压低价格而减少供应量，但白河供应的数量比他多，那么利润就都被白河赚去了。但如果他大批量供货，而白河也大批量供货，订购价格就会降低到70日元，导致入不敷出。在这种情况下，减少供应数量的企业反而能降低损失。

山田给自己在大学专攻经营学的儿子打了个电话，向他询问自己应该供应多少数量才能实现利益的最大化。

二、连续策略与连续收益

前文中介绍的博弈，纯策略的数量都是有限的。比如案例1中只有"支持安德森方式"和"支持布什方式"两个，第1章第2节图表1-8中只有"D公司""E公司""F公司"三个。类似这样的情况用收益矩阵表现出来之后，选择什么策略会得到什么收益就一目了然。

但存在无数个纯策略的时候应该怎么办呢？在实际的商业活动之中，类似价格和产量等存在无限多个选择的情况十分常见。

比如企业可以自由地设定商品的价格和生产数量。在这种情况下策略的选项就不止两个或者三个，而是无限个（连续的）。

对于选项较少的博弈，只要通过收益矩阵就可以简单地进行说明，因此在博弈论的入门书中十分常见。但博弈论并非只能对简单的商业案例进行分析。当选项连续出现的时候，分析也会变得更加复杂。本书介绍的博弈论概念同样适用于这种存在连续策略选择的情况。

本节将对市场处于寡头垄断状态下，企业应该采取何种生产方针和价格方针才能使自身收益最大化，以及博弈论如何在这种存在连续选择的博弈中发挥作用进行说明。前文中为大家介绍过的均衡概念在这种连续的策略下仍然适用。

三、古诺竞争

本节案例中出现的这种情况是被称为"古诺竞争"的微观经济学经典寡头垄断模型。古诺竞争模型是在博弈论问世之前，法国经济学家古诺于1838年提出的模型。在这个模型中，多个寡头企业进行生产，这些企业的总生产量会对产品的价格造成影响。具体来说，古诺竞争包括以下几个要素。

- 某市场处于几家企业的寡头垄断状态下。
- 市场中产品的价格由几家企业的总产量决定。
- 为了使收益最大化，生产者需要决定自己的产量。

在本节的案例4之中，两家面包生产企业要竞争面包供应的市场。古诺竞争的关键在于，当供应商品时，商品价格由两家企业供应的总数量决定。也就是说，除了自身的供应量之外，商品的价格还会受竞争对手供应数量的影响，从而影响到自身的收益。

因此，自身必须在预测对方行动的前提下，采取对自身最为有利的行动。这也是古诺竞争被归于博弈论的原因。

在这里 F 面包就是参与者1、G 烘焙就是参与者2。两家企业都想尽可能多地获取收益，而且他们的面包在质量上完全不相上下，价格也相同。我们将价格设为 P，F 面包的供货数量设为 Q_1、G 烘焙的供货数量

设为 Q_2（如果 $Q_1=1$ 就代表 F 面包供货数量为1袋）。

A 餐饮集团提出条件是"订购价格为200减去两家企业供应的面包总数"，如果 P（日元）是订购价格，那么 $P=200-(Q_1+Q_2)$。但如果两家企业的合计供货数量超过130袋（也就是 $Q_1+Q_2>130$）的情况下，P 等于70日元。两家企业的利润就是订购价格减去生产成本80日元再乘以供货数量（袋数）。整理成算式如下。

$$参与者1的收益 = (P-80) \times Q_1$$
$$参与者2的收益 = (P-80) \times Q_2$$

将 $P=200-(Q_1+Q_2)$ 带入上述算式，得出如下算式。

$$参与者1的收益 =$$
$$[200-(Q_1+Q_2)-80] \times Q_1 = 120Q_1 - Q_1{}^2 - Q_1Q_2 =$$
$$-\left(Q_1 - \frac{120-Q_2}{2}\right)^2 + \left(\frac{120-Q_2}{2}\right)^2$$

$$参与者2的收益 =$$
$$[200-(Q_1+Q_2)-80] \times Q_2 = 120Q_2 - Q_1Q_2 - Q_2{}^2 =$$
$$-\left(Q_2 - \frac{120-Q_1}{2}\right)^2 + \left(\frac{120-Q_1}{2}\right)^2$$

将两家企业的收益整理成如上算式后收益就一目了然了。

假设参与者1和参与者2都能够事先得知竞争对手的供货数量，并且根据这一信息来决定自己的产量，那么他们各自的生产数量如下。

$$Q_1 = \frac{120 - Q_2}{2}$$

$$Q_2 = \frac{120 - Q_1}{2}$$

这就是高中数学二次函数取最大值的问题。简单来说，两家企业选择这个产量就能够保证收益算式最初的部分为零，除此之外的其他产量则都为负数，也就是说总计收益一定比这个产量更少。

综上所述，当参与者2的产量为Q_2时，参与者1的产量应该是（120-Q_2）÷ 2。比如以下两种情况。

参与者2生产20袋（$Q_2=20$）的情况下：

参与者1生产50袋（$Q_1=50$）

参与者2生产60袋（$Q_2=60$）的情况下：

参与者1生产30袋（$Q_1=30$）

参与者2也应该采取同样的方法，预测参与者1的产量然后决定自己的产量。将参与者1的产量设为横轴，参与者2的产量设为纵轴整理后如图表1-15所示。

图表 1-15 参与者的产量比较

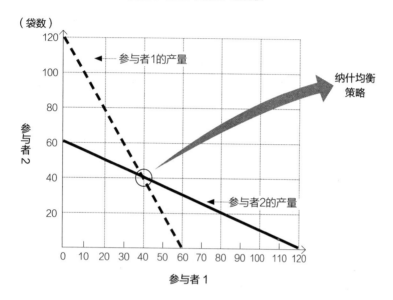

那么在这个博弈中要如何发现纳什均衡策略呢？从结论来说，图表1-15中两条产量线相交的点就是纳什均衡策略。也就是说，两个参与者都应该选择40袋（$Q_1=Q_2=40$）的策略。在这个情况下，两家企业的收益都是1600日元，面包的订购价格为120日元。

为什么这个策略是纳什均衡策略呢？让我们回忆一下纳什均衡策略的定义。纳什均衡策略指的是"任何参与者单方面选择纳什均衡策略之外的其他策略，都无法提高自身的收益"。

假设在这个博弈中其中一方参与者选择了其他的策略，会不会增加自身的收益呢？让我们来验证一下。

比如参与者1将供应量增加到50袋（Q₁=50），而参与者2仍然保持40袋（Q₂=40）的供应量不变，那么订购价格就变成P=200-（50+40）=110日元，降低了10日元（每袋面包的利润从40日元降低到30日元）。在这种情况下，参与者1的收益为30×50=1500，比生产40袋时的1600日元更低。

同样如果参与者1将供应量减少到30袋（Q₁=30），那么订购价格就变成P=200-（30+40）=130日元，上涨了10日元（每袋面包的利润从40日元上涨到50日元）。在这种情况下，参与者1的收益为50日元×30袋=1500日元，仍然比生产40袋时的1600日元更低。

上述情况对参与者2来说也一样。总而言之，在两家企业都选择供应40袋的策略时，任何一家单方面改变策略都无法使自身的收益增加。

综上所述，在策略连续的博弈中纳什均衡同样能够发挥作用。任何参与者都无法通过单独采取不同的行动来增加自身的收益，这一点不管可选策略是有限还是无限都没有任何改变。

但与一目了然的收益矩阵相比，这种必须假设其他参与者的行动，通过算式来计算自身选择何种策略才能取得最大收益的方法在技术上稍微有些难度。

当然，古诺竞争是一个非常复杂且精密的模型，在实际的商业活动中不可能存在如此简单地决定商品价格的情况。但对难以通过品质来实现差异化的商品（比如农产品）的生产者来说，几乎每天都处于古诺竞争的状态之下。

很多日常商品都会因为市场上商品总数的影响而出现价格波动，商品数量多价格就会下降，商品数量少价格则会上升。但产量过多的话虽然销量增加但因为价格降低所以最终收益也会减少，而就算价格很高如果产量跟不上的话也无法提高收益。像水果这种经常出现大丰收的商品之所以经常遭到果农的大量销毁，就是因为这些商品的生产者处于古诺竞争的状况之中。

四、伯川德竞争

在博弈论中还有一个和古诺竞争齐名的寡头垄断博弈模型，那就是伯川德竞争。伯川德竞争是1883年由法国人伯川德提出的。伯川德竞争与古诺竞争最大的区别在于决定因素不是产量而是价格。也就是说，能够提供最低价格的生产者将独占整个市场。伯川德竞争包括以下几个要素。

• 某市场处于几家企业的寡头垄断状态下。
• 提供最低价格的生产者将独占整个市场（提供相同价格的生产者均分市场）。
• 为了使收益最大化，生产者需要决定自己产品的价格。

如果说古诺竞争是对产量做连续选择的策略，那么伯川德竞争就是对价格做连续选择的策略。

假设将案例4的订购条件改为"两家面包生产企业之中谁的价格低就将得到全部订单。如果两家给出的价格相同那么均分订单"。从结论来说，在这种情况下的纳什均衡是"两个参与者都给出无限接近于80日元的价格，两个参与者的收益也无限接近于零"。让我们同样代入纳什均衡的条件来进行一下验证。

偏离均衡策略的情况

假设其中一家企业给出了更高的价格（比如81日元）。在这种情况下，给出80日元的企业将得到所有的订单，而给出81日元的一方收益为零。与给出无限接近于成本80日元的情况相比，仅从收益方面来看没有发生任何的变化。也就是说符合"任何参与者单方面选择纳什均衡策略之外的其他策略，都无法提高自身的收益"这一纳什均衡的条件。

那么，如果有其中一家企业给出比80日元更低的价格（比如79日元）又将怎样呢？虽然选择这一策略的企业将获得所有的订单，但每提交一袋面包就要损失1日元。也就是说，通过降低价格从竞争对手处抢来订单的结果只能是增加自身的亏损，无法增加收益。这也符合纳什均衡的条件。

综上所述，"两个参与者都给出无限接近于80日元的价格，两个参与者的收益也无限接近于零"的策略完全符合纳什均衡的条件。而且在伯川德竞争之中，除此之外再没有其他的纯策略满足纳什均衡的条件。

五、从古诺竞争到伯川德竞争的转变

将古诺竞争和伯川德竞争进行对比后会发现一件非常耐人寻味的事情。那就是将古诺竞争的产量竞争转变为伯川德竞争的价格竞争之后，虽然只增加了"买方能够选择对自己有利的卖方"这一个条件，就使两者的纳什均衡变得完全不同。也就是说，在古诺竞争下能够通过纳什均衡确保自身收益的各参与者，在伯川德竞争之中因为价格竞争的原因，不得不选择没有收益的均衡点。

这一点对买卖双方来说都是非常重要的启示。对于在古诺竞争状态下能够获得收益的卖方来说，导入价格竞争意味着噩梦的开始，因此必须坚决反对改变现有的规则。反之，对于买方来说，只要稍微改变对卖方提出的条件，就可以将收购面包的价格平均压低40日元。

从本节介绍的这个寡头垄断的案例来看，博弈规则的改变会对各参与者选择的策略造成巨大的影响。在商业活动的现场，首先要搞清楚什么样的博弈状况对自身有利，然后思考是否能够将博弈的规则朝着对自身有利的方向转变，这一点尤为重要。

＊ ＊ ＊

在本章中，我为大家介绍了单阶段同时博弈。所有参与者都同时而且只能选择一次策略。

在第2章中，我将对没有选择次数限制的"多阶段博弈"进行说明。

第

2

章

通过多阶段博弈来磨炼应用力

第2章前言

在第1章中，我为了让大家熟悉博弈论的概念，主要介绍了只进行一次而且参与者同时采取行动的极为简单的博弈模型。在本章中我将为大家介绍更加复杂的模型，对各参与者在看到对方采取的行动之后应该采取什么对策进行分析。

另外，第1章中我们只分析了只进行一次决策和行动的博弈，在本章中将通过更接近商业活动实际状况的连续进行多次决策和行动的模型进行说明。

对于不熟悉博弈论的人来说，看完第1章后或许觉得都是一些只能应用于商业活动之中的无聊模型。但实际上这是因为开篇用简单的模型更便于读者理解，在某种意义上来说也是迫不得已（就像高中物理是不考虑空气阻力和物体旋转等因素的）。但从本章开始，我将为大家介绍更接近真实状况的博弈理论，请读者朋友们少安毋躁。

在阅读本章内容的时候希望大家能够注意以下几点。

第一，当改变某种条件时，博弈的结构也将发生巨大的变化。关于这一点我们已经在第1章中对古诺竞争和伯川德竞争进行比较时看到过了，有时候一个看似微不足道的规则改变，都可能给结果带来意想不到的巨大差异（这也是之所以应该重视博弈论的原因）。那么这种差异究竟是如何形成的呢？请在书中寻找答案。

第二，既然改变规则就能够改变结果，那么应该如何将博弈的结构和规则向对自己有利的方向改变呢？比如第一个采取行动的人是否会变得更加有利？或者大家同时进行某项行动的时候，先开始或者后开始的人是否会变得更加有利？

在商业活动中取得成功的一个秘诀就是，不但要适应规则，还要想办法将规则变得对自己有利。如果大家带着这样的思考阅读本书，一定能够提高自己在商业活动之中的应用力。

本章的构成

在第1节中，我将为大家介绍序贯博弈的概念。大家可以看到同时博弈与序贯博弈之间的差异。另外我还将为大家介绍博弈论中非常重要的基础概念，子博弈与逆向归纳法等，希望大家能够充分地理解这些概念的意义和使用方法。

在第2节和第3节中，我将为大家介绍重复博弈。我们可以看到"重复"这个要素是如何给人类的行动带来巨大影响的。

第1节：序贯博弈与子博弈精炼均衡

要点

　　序贯博弈最大的特点是，位于后手的参与者可以根据先手参与者选择的策略来选择自己的新策略。因此先手参与者的行动就相当于"全新的信息"，给后手参与者的行动造成影响。在序贯博弈中还存在子博弈。本节将对"子博弈精炼均衡"以及为了发现这一均衡而通过最终收益进行逆推的"逆向归纳法"进行说明。

案例

一、案例5：扩大交易份额的困境

　　大和是位于东京的物流公司 I 货运（以下简称 I 公司）的销售负责人。I 公司自从10年前成立以来，因为短途快递的需求增加而飞速成长。上个月，I 公司推出了"增加快递订单活动"，大和担任活动负责人，他的任务是从现在的客户企业中选出100家，委托他们继续增加订单。

　　一天傍晚，忙碌了一天的大和刚回到办公室，桌子上的电话就响了起来。打来电话的是昨天他刚刚拜访过的零件生产企业 K 制作所的佐川部长。

"昨天您来和我提到贵公司推出了增加快递订单的活动。如您所知，我们公司的短途物流一直都是由贵公司和我们自己的子公司 J 物流两家负责。但在现在这种不景气的局面下，我们一直在考虑削减物流成本。

我们之前和 J 物流商讨过降低快递费的事情，但他们一点也不肯让步。J 物流是我们的子公司，我们不想破坏两家的关系所以没有强迫他们降价，但一直这样下去也不是个办法。所以我想和您商量一下，如果贵公司能够给我们比 J 物流更低的价格，那么我们就将之前委托给 J 物流的一部分订单转给你们。您考虑一下。"

大和将 I 公司和 J 物流与 K 制作所的交易状况，以及 I 公司接受这次的交易条件后对两家公司的收益造成的影响进行了一番整理。现在，I 公司和 J 物流每个月通过与 K 制作所的交易，分别收益100万日元和500万日元。如果大和接受佐川部长提出的条件，将 J 物流的订单抢过来的话，那么 I 公司每个月的收益将增加到200万日元，而 J 物流的收益则降低到200万日元。与自身的收益增幅相比，J 物流收益下降的幅度更大。显然对 J 物流来说最好的选择是维持现状。

但大和的心中却存有疑问。那就是 J 物流不可能眼睁睁地看着自己的订单被对手抢走，他们很有可能为了夺回订单而将自己的价格压倒很低。这样一来 I 公司要想与之抗衡就必须将价格降到更低，如果两家公司陷入价格竞争的泥潭，那么收益都将变为零。相信 J 物流也能预测到同样的结果。

　　大和还有另一个担忧。佐川部长可能只是想利用 I 公司引发价格竞争，迫使 J 物流给出更优惠的价格。毕竟 J 物流是 K 制作所的子公司，佐川部长怎么可能置自己的子公司不顾而将订单都转移到 I 公司呢。

　　但如果佐川部长是真的打算将订单转过来，而 I 公司没有把握住这个机会的话，那么今后与 K 制作所之间的交易就只能停留在每个月100万日元收益的程度（J 物流则仍然赚取500万日元收益）。当然，短时间内想增加订单也没戏了。

　　"必须先对自身所处的状况以及对手的反击行动进行谨慎的分析之后，再决定是否接受对方的提议。"

　　大和想起自己之前看过一本介绍"博弈树"的书，在分析这种状况时或许能够派上用场，于是他站起身来到书架跟前将那本书拿了出来。

理论

　　我在第1章中为大家介绍的博弈模型，都是参与者同时而且只进行一次策略选择的博弈（单阶段同时博弈）。单阶段同时博弈分析起来比较容易，而且其中使用的各种均衡概念也是对更加复杂的博弈模型进行分析时的重要工具，因此几乎所有的博弈论入门书都会将其作为开篇。

　　但在实际的商业活动现场，并非只有简单的同时博弈。比如在市场竞争中，如果其中一家企业提高或者降低自身产品的价格，那么其他企业会根据其行动决定自身应该采取什么对策。

本书将各参与者同时进行一次行动的博弈称为单阶段博弈，与之相对的，将各参与者的行动涉及到多个阶段的博弈称为多阶段博弈。其中，各参与者按照某种顺序先后采取行动的博弈被称为"序贯博弈"。除此之外，还有更接近实际商业活动的更加复杂的博弈，比如与拥有持续关系的顾客重复进行同一博弈的"重复博弈"和并非所有参与者都掌握对方收益信息的"非对称信息博弈"等。通过理解和组合这些分析方法，能够给我们带来更多的启示。本章主要为大家介绍序贯博弈和重复博弈，至于和非对称信息博弈相组合的更复杂的博弈，我将在第3章中为大家做详细的说明。

本节，我们将比较序贯博弈和同时博弈的差异，把握序贯博弈特有的分析方法以及与均衡策略相关的概念。

二、序贯博弈与博弈树

首先让我们用同时博弈的方法对本节中的案例5"扩大交易份额的困境"进行一下整理。在这个博弈中I公司的策略选择分为"接受交易条件"和"不接受交易条件"，J物流的策略选择则分为"反击"和"不反击"。在不考虑博弈顺序的情况下，将上述情况制作成和同时博弈一样的收益矩阵如图表2-1所示。在I公司不接受交易条件的情况下，两家公司的交易都将维持现状,因此在"不接受"的那一行,"反击"和"不反击"的格子里记录的都是两家公司现在的收益情况。

图表 2-1 I 公司、J 物流的收益矩阵

J 物流

		反击	不反击
一公司	**接受**	(0, 0)	(+200, +200)
	不接受	(+100, +500)	(+100, +500)

在收益更好的数值下方划线,可以找出这个博弈中的纯策略纳什均衡。如图所示,在这个博弈中存在(I公司不接受,J物流反击)和(I公司接受,J物流不反击)两个纯策略纳什均衡。

整理出收益矩阵图之后,或许有人觉得序贯博弈也能用和同时博弈一样的方法来进行分析,但实际上用收益矩阵对序贯博弈进行分析是不充分的。收益矩阵只能表现出各参与者采取相应策略时能够获得多少收益,但不能表现出进行博弈的顺序。实际情况是I公司先选择策略,然后J物流才选择自己的策略,但这个收益矩阵显然分析的是两家公司同时选择策略时的情况。

博弈的整理方法

现在我将为大家介绍一种在对序贯博弈进行分析时，能够表现各参与者行动顺序的整理方法——"博弈树"。用博弈树对博弈进行整理的方法被称为展开式，而用收益矩阵对博弈进行整理的方法被称为战略式或者标准式。

一般来说，战略式（标准式）适合用来分析所有参与者只进行一次同时行动的单阶段同时博弈，而在对像序贯博弈和重复博弈这样参与者按顺序采取行动的博弈进行分析时，展开式更加合适。

那么，让我们用博弈树对本节的案例进行一下整理（图表2-2）。

图表 2-2 案例 5 的博弈树

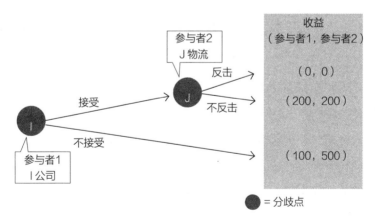

在博弈树中，每当参与者采取行动的时候都要画一个分歧点。在分歧点上标明采取行动的参与者的号码和名称。然后在各分歧点上画出被称为路径的树枝，并且在旁边标明参与者采取的行动。

以上图为例，从第一个分歧点分出 I 公司 "接受" 或者 "不接受" 两个路径，在 "接受" 这个路径前面还有第二个分歧点。在这个分歧点又分出 J 物流 "反击" 和 "不反击" 两个路径。如果 I 公司选择 "不接受" 这个路径，那么 J 物流没有采取行动的必要，只需要维持现状即可。在这种情况下就不用画 J 物流的分歧点。

在博弈各路径的终点，标明各参与者所能够获得的收益（顺序为参与者1，参与者2）。比如 I 公司选择 "接受" 而 J 物流选择 "不反击" 的路径最后是（200，200），表示两家公司最后的收益都是200万日元。

三、子博弈、逆向归纳法与子博弈精炼均衡

接下来让我们再导入 "子博弈" 的概念。子博弈属于序贯博弈的一部分，指的是 "能够取出作为一个独立的博弈进行分析的部分"。比如图表2-3中，J 物流选择 "反击" 或者 "不反击" 的分歧点之后的部分，这部分在属于整个序贯博弈的同时，本身也可以作为一个独立的博弈进行分析。也就是说，"反击" 和 "不反击" 都可以作为决定 J 物流自身收益的基准。

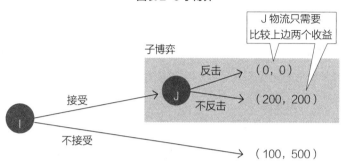

图表 2-3 子博弈

子博弈

J物流只需要
比较上边两个收益

反击 → （0，0）

J

不反击 → （200，200）

I

接受

不接受 → （100，500）

那么，J物流应该如何选择呢？如果J物流选择反击，那么最终的
收益为零，选择不反击则能够获得200万日元的收益，所以如果只考虑
这个子博弈的话，毫无疑问J物流应该选择"不反击"。

接下来让我们将这个子博弈中J物流选择"不反击"的路径保留下
来，重新整理一下整个博弈树（图表2-4）。

图表 2-4 用子博弈排除部分策略后的状态

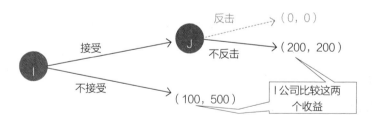

反击 ---→ （0，0）

接受 → J

不反击 → （200，200）

I

不接受 → （100，500）

I公司比较这两
个收益

在 J 物流选择"不反击"的前提下，让我们再来看看 I 公司的收益。如果 I 公司选择"接受"，收益为200万日元，选择"不接受"的话收益则为100万日元。在这种情况下 I 公司肯定会选择收益更高的"接受"。像这种根据收益的结果来逆推的方法被称为"逆向归纳法"。逆向归纳法包括以下几个要素。

· 通过以末端分歧点为起点的子博弈来分析参与者会选择什么策略。

· 将做出相应选择后参与者所能够获得的收益作为前提。

· 逆推到前一个分歧点（子博弈），思考参与者会选择什么策略。

通过逆向归纳法从最后一个子博弈依次逆推到第一个分歧点，分析各参与者都会选择什么策略（在本节案例之中，所选策略为 I 公司接受，J 物流不反击），结果可以发现在整个博弈的每个子博弈中，各参与者都会选择纳什均衡策略。

这种策略组合被称为满足"子博弈精炼均衡"的策略组合。

子博弈精炼均衡在序贯博弈中是比纳什均衡更加强大的均衡概念。

以图表2-1的收益矩阵为例，在这个博弈中存在（I 公司不接受，J 物流反击）和（I 公司接受，J 物流不反击）两个纯策略纳什均衡。但是，在这两个纳什均衡策略之中，只有（I 公司接受，J 物流不反击）符合子博弈精炼均衡的条件。那么，满足子博弈精炼均衡的策略和其他的纳什均衡策略之间有什么差异呢？

四、不满足子博弈精炼均衡的策略与信用问题

让我们再来仔细地看一看上述两个纳什均衡策略中不满足子博弈精炼均衡的（I公司不接受，J物流反击）策略组合。这个策略组合意味着"如果I公司接受条件，J物流将采取反击措施"，相当于J物流通过一种威胁迫使I公司不要接受K制作所提出的条件（参考下一节的"报复威胁"）。

但在序贯博弈的情况下，J物流在I公司决定策略之前不会选择自己的策略。也就是说，J物流会根据I公司的行动来决定自己的行动。因为I公司也知道J物流会在自己的后手采取行动，那么"如果I公司接受条件，J物流将采取反击措施"的威胁就存在"信用问题"。

关于这个信用问题，只要思考一下当I公司不遵照均衡策略而选择"接受"会带来怎样的结果就会马上明白。在这种情况下，如果J物流按照自己之前的威胁进行反击会使收益变成零，而不反击却能够得到200万日元的收益。如果遵循均衡策略的话，当I公司不顾J物流的威胁选择"接受"的时候，J物流就必须牺牲自己的收益进行"反击"。但J物流真的会不惜损失自身的收益也要反击吗？从常识来看这是不可能的。

对于I公司来说，不管J物流怎么威胁"我会进行反击"，I公司也知道J物流不会牺牲自己的收益采取反击的行动。在两家公司都只进行一次行动的序贯博弈中，I公司完全可以看穿J物流的威胁只是虚张声势，属于不可信的威胁。这也是纳什均衡策略之中存在的信用问题。

与之相对的，满足子博弈精炼均衡的（I公司接受，J物流不反击）策略组合就不存在信用问题。I公司一旦选择"接受"，看到这个结果的J物流毫无疑问会选择对自身来说收益更高的"不反击"。也就是说，满足子博弈精炼均衡条件的策略"具有可信性"。

让博弈向有利于自身的方向发展

在本节之中，我们通过一个简单的序贯博弈来了解其特征和发现均衡策略的方法。序贯博弈最大的特征就是后手会在看到先手选择的策略之后再选择自己的策略。因此，与只能预测其他参与者会选择什么策略的同时博弈不同，序贯博弈中先手的行动会变成"新的信息"给后手的行动造成影响。

前文中提到过的"信用问题"就是例子之一，另外在第3章中出现的"非对称信息博弈"中，先手参与者选择的策略也会影响后手参与者的行动。

在商业活动之中，所有参与者都会在无意识间根据先手的行动来决定自己的策略。新的信息——竞争对手下调了商品价格、推出了新商品、撤出某商品的市场、收购了其他企业——这些都会给自身企业的策略造成影响。本章中介绍的更加复杂的博弈论，在对商业活动中的序贯博弈进行整理、分析自身应该采取什么策略时一定能够发挥出巨大的作用。

类似明显会遭到背叛的约定和一眼就被看穿是虚张声势的威胁之类"存在信用问题的策略"，无法迫使其他参与者按照自己的意图采取行动。

要想打破这种局面，可以通过迷惑对手让对方误以为自己不知道对方的行动，将序贯博弈变成同时博弈（参考下面的专栏），还有一种方法就是改变博弈的顺序。

比如在本节的案例中改变博弈的顺序，J物流先选择策略，将价格降低到一定程度。这样一来I公司要想得到更多的订单就要给出更低的价格，但这样就无法获得收益，或许可以迫使I公司退出竞争。由此可见，只要掌握了更复杂的博弈论，就可以找出让博弈向有利于自身的方向发展的方法。

专栏：用博弈树来表现同时博弈

在本节的最初，我们用收益矩阵表现了序贯博弈。同样也可以用博弈树来表现同时博弈。让我们用博弈树来表现一下第一章中介绍过的"囚徒困境"博弈（参考图表2-5）。

这个博弈树与本章案例5"扩大交易份额的困境"博弈树之间的差异在于，参与者1选择"抵赖"或者"坦白"行动后，参与者2对应的两个分歧点之间有虚线连接起来。这是因为在参与者2选择行动的时候，不知道自己身处于哪个分歧点上。

图表 2-5 "囚徒困境"博弈树

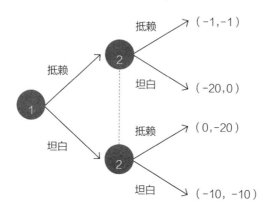

　　在同时博弈的情况下，各参与者当然不知道其他参与者究竟选择抵赖还是坦白。这条虚线代表的就是这个意思。换个角度来看，即便是参与者1先选择策略，然后才轮到参与者2选择策略的博弈，如果参与者2不知道参与者1的行动结果，那么这种博弈和同时博弈是完全一样的。

　　比如将"囚徒困境"放在现实的环境之中考虑。即便是同时对两名犯人进行审问，关键也不在于将两名犯人选择坦白和抵赖的行动"同步到以秒为单位"，而是在于让两名犯人在做出选择之前都不知道对方的选择。

　　也就是说，即便将参与者2的行动换到最初的分歧点上，整理出的博弈树也和之前一模一样（参考图表2-6）。

图表2-6 以参与者2的行动为最初分歧点的博弈树

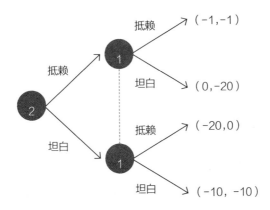

在本节的最后，我提到可以通过迷惑对手让对方误以为自己不知道对方的行动，将序贯博弈变成同时博弈。也就是说，如果在两家企业间存在J物流不知道I公司选择了什么策略的共识，那么这个序贯博弈就会变成同时博弈。

另外，作为子博弈起点的分歧点不能有虚线与其他分歧点相连。在博弈树中，如果分歧点上的参与者不知道自己身处于哪个分歧点的话（图表2-6中被虚线相连的参与者1所在的分歧点以后的博弈）就不能算是子博弈。

第2节：有限重复博弈

要点

　　如果同一个博弈重复进行（重复博弈），可能会出现在单次博弈中难得一见的参与者相互合作的情况。在本节中我将对只存在一个均衡策略和存在多个均衡策略的情况分别进行说明。对于有次数限制的重复博弈来说，可以通过逆向归纳法从结果逆推出各子博弈的收益。另外，在重复博弈中为合作关系提供保障的是其中一方背叛后其他参与者可能采取的"报复威胁"。

案 例

一、案例6：大甩卖策略①

　　Y 服装店和 Z 服装店都是位于郊外 X 町站前商业街的服装店。这两家店都专门销售女装，店铺面积相差无几，主要顾客群体都是附近的家庭主妇。两家店都有几十年的历史，相隔不到几十米。

Y 服装店的老板横山和 Z 服装店的老板钱川都是在几个月之前从父辈手中接过店铺的经营权。他们的父辈都是站前商业街协会的干部，关系相当不错。但横山和钱川则从小就不怎么合得来，而且在拿到经营权后都想干出一番事业，所以两人之间的竞争意识很强。

* * *

对于双方来说，在经营上最大的课题就是每年夏季和冬季的两次大甩卖。这两家店销售的服装都不是什么高级名牌。附近的主妇们想买高级名牌的时候都会去市中心的大商场。

本来这些大众服装的利润就不高，所以他们也不想卖得太便宜。但在这个市场需求本就不怎么高的 X 町，如果对方开始大甩卖而自己还保持平时的价格，那么顾客就都会被对方抢走。

从父辈的经验来看，如果两家店都不进行大甩卖的话，两家店各能获得200万日元的收益。如果只有一家店进行大甩卖的话，那么大甩卖的一方能够获得300万日元的收益，而没进行大甩卖的一方收益基本为零。但是，如果双方都进行大甩卖的话，因为市场需求本就不大，再加上降价销售导致利润率下降，所以两家店都会出现100万日元的亏损。

转眼间就到了要决定是否进行夏季大甩卖的时候。这是横山和钱川当上老板后的第一次大甩卖。因为商店街要统一宣布大甩卖的消息，所以每家店铺都要在五月末的商店街会议上决定自己是否进行大甩卖。同时，根据协会的规定，一旦商家决定进行大甩卖就不能取消。

Y 服装店的横山必须在一个月后召开的会议上宣布自己的决定。考虑到今后还要和 Z 服装店的钱川继续打交道，太露骨地表现出竞争意识似乎不怎么合适。但他也不想在两人第一次的交手中就给对方留下自己"很软弱"的印象。

＊＊＊

横山考虑到两家服装店之间的竞争不可能只有这一次，于是以今后还会再有两三次为前提，思考自身应该采取什么策略才能够取得最多的收益。

理论

到目前为止我们接触到的这些博弈，不管是同时博弈还是序贯博弈，都是各参与者只选择一次策略就结束博弈的情况。换到商务活动的角度来看，这就像是只做一次交易的"一锤子买卖"。但在现实之中，连续进行多次交易的情况也十分常见，在这样的情况下仍然沿用"一锤子买卖"的分析方法恐怕就不太合适了。

本节就将针对相同参与者重复进行同一博弈的重复博弈和只进行一次的博弈相比有什么异同，以及存在哪些新的问题进行思考。

一般来说，重复博弈中重复进行的博弈属于同时博弈，因此可以通过收益矩阵来思考重复带来的影响。

在进行分析时需要注意的是，因为参与者重复进行同样的博弈，所以之前采取的行动会作为新的信息积累起来。在上一节的案例中，I公司与J物流只进行了一次序贯博弈，但只要两家公司继续与K制作所进行交易，那么J物流即便在第一次博弈中选择了"不反击"，在接下来的博弈中也一定会选择"反击"来进行报复。

当博弈在相同参与者之间重复进行的时候，会出现在单次博弈中完全见不到的全新课题。

二、重复同时博弈中只存在一个均衡策略的情况

首先让我们思考一下同时博弈"囚徒困境"连续进行两次的情况。为了便于区分，暂且将这种情况称为"两次重复囚徒困境"。在这种情况下，两名强盗因为两起案件被捕，首先针对第一起案件选择坦白或抵赖。然后警方会将两人选择的结果告知对方，接着再进行第二起案件的审问，让两名强盗选择坦白或抵赖。刑期按照两起案件的刑期年数累计（两人都选择抵赖＝各1年，都选择坦白＝各10年，单方面坦白＝抵赖的人20年、坦白的人0年）。

这个"两次重复囚徒困境"就是将图表2-7的收益矩阵所表现的博弈重复进行两次。

要想找出这个博弈的最佳策略，在上一节中介绍过的子博弈概念能够派上用场。在这个博弈中，两次同时博弈按顺序依次进行，第一次博弈的结果会在第二次同时博弈之前告知给各参与者。因此这两次同时博

弈可以看作是两个子博弈。接下来我们可以利用逆向归纳法来找出第二次子博弈的最佳策略。

图表 2-7 第二次囚徒困境（子博弈）的收益矩阵

共犯 2

		抵赖	坦白
共犯 1	抵赖	（-1, -1）	（-20, 0）
	坦白	（0, -20）	（-10, -10）

毫无疑问，在只看第二次子博弈的情况下，这就是只进行一次的"囚徒困境"，所以就像我们在第1章中分析过的那样，（坦白，坦白）是占优策略。也就是说，在第二次的子博弈中两个强盗会选择（坦白，坦白）的策略组合。而对于第一次的子博弈来说，则应该根据这个第二次子博弈的选择结果来进行选择。

因为双方都在第二次的子博弈中选择坦白从而确定获得（-10,-10）的收益，这样就可以通过简单的加法来计算出第一次的收益。比如双方在第一次选择（抵赖，抵赖）的情况下，总刑期年数就是双方各11年。那么第一次子博弈的收益矩阵如图表2-8所示。

图表 2-8 子博弈的收益矩阵

以第二次选择为前提的第一次囚徒困境的收益

共犯 2

		抵赖	坦白
共犯 1	抵赖	(−11, −11)	(−30, −10)
	坦白	(−10, −30)	(−20, −20)

正如这个收益矩阵中所表现出来的那样，对于这个子博弈来说，（坦白，坦白）是占优策略。

综上所述，在"两次重复囚徒困境"之中，两次都选择（坦白，坦白）是满足子博弈精炼均衡条件的占优策略。而且不管重复三次还是四次甚至更多次，这个结论都不会改变。因为只要在最后一次子博弈中（坦白，坦白）是占优策略，那么通过逆向归纳法进行分析的话，前面所有的子博弈都必须选择（坦白，坦白）。

也就是说，"囚徒困境"不管重复多少次，只要是有次数限制（有最后一次博弈）的情况下，那么在所有的子博弈之中，选择（坦白，坦白）

就是符合子博弈精炼均衡的策略①。

像这种只存在一个均衡策略的博弈重复有限次数的情况下，基于逆向归纳法找出各子博弈中的均衡策略是唯一符合子博弈精炼均衡的策略。这也被称为"逆向归纳悖论"。

三、重复同时博弈中存在两个以上均衡策略的情况

接下来让我们来看一看有限次数重复对博弈策略造成影响的情况。本节中介绍的案例6就属于这种情况。首先让我们来对这个同时博弈只进行一次的情况进行一下分析。在这种情况下同时博弈的收益矩阵如图表2-9所示。

---

① 让我们来思考一下子博弈精炼均衡之外的策略。比如双方都选择第一次（坦白，坦白），第二次选择如果有人在第一次选择坦白就选择坦白，否则就选择抵赖的策略组合。在这种情况下，如果双方在第一次选择（坦白，坦白），那么最终的收益就和上述子博弈精炼均衡的策略一致。

但这个策略却存在非常严重的信用问题。假设出于某种原因在第一次博弈中双方都选择了（抵赖，抵赖），那么在第二次博弈中双方就应该选择抵赖，但对双方来说背叛选择坦白的占优策略具有非常大的诱惑。也就是说，在第二次的博弈之中，如果有人在第一次选择坦白就选择坦白，否则就选择抵赖的策略组合缺乏信任性。

图表 2-9 收益矩阵：只进行一次的情况

Z 服装店

		不甩卖	甩卖
Y 服装店	不甩卖	（+200，+200）	（0，+300）
	甩卖	（+300，0）	（-100，-100）

按照之前的方法，在以对方采取的行动为前提的情况下各参与者收益更高的数值下划线。那么在这个同时博弈只进行一次的情况下，存在（不甩卖，甩卖）（甩卖，不甩卖）两个纯策略纳什均衡。虽然在这个博弈中还存在一个混合策略纳什均衡（两个参与者选择甩卖的概率都为0.5，期待收益都为100），但在这里我们只对纯策略进行分析。

如果这个博弈进行两次的话结果如何呢？与前文中提到过的"囚徒困境"一样，可以将每一个同时博弈看作子博弈，然后用逆向归纳法进行分析。

第二次的"子博弈"如上所述，存在（不甩卖，甩卖）（甩卖，不甩卖）两个纯策略纳什均衡，首先选择其中任意一个策略组合。比如选择（甩卖，不甩卖）的情况下，那么第一次子博弈的收益矩阵就需要加上第二次的收益（+300，0），如图表2-10所示。

在第二次子博弈中选择（甩卖，不甩卖）的情况

Z 服装店

		不甩卖	甩卖
Y 服装店	不甩卖	（+500，+200）	（+300，+300）
	甩卖	（+600，0）	（+200，−100）

在第一次子博弈中也存在两个纯策略纳什均衡，可以任选其一。在选择（甩卖，不甩卖）的情况下，两次博弈的总计收益就是（+600，0），选择（不甩卖，甩卖）的情况下，两次博弈的总计收益就是（+300，+300）。至于参与者究竟会选择何种策略组合事先无法预测。

到目前为止，似乎和"囚徒困境"相比并没有什么区别。在各子博弈之中，只需要从两个纯策略纳什均衡之中选择一个即可。但当这个博弈重复三次的时候，就会出现和现在的纯策略纳什均衡完全不同的选择。

首先让我们用和之前一样的方法对第三次和第二次的重复博弈进行分析，各子博弈（同时博弈）都有两个纯策略纳什均衡可以选择。假设在最后一次（第三次）子博弈中选择（甩卖，不甩卖），第二次子博弈

中选择（不甩卖，甩卖），那么博弈总计收益（+300，+300）之后的收益矩阵如图表2-11所示。

图表 2-11 收益矩阵：加上第二次和第三次收益后的第一次子博弈

第二次选择（不甩卖，甩卖），第三次选择（甩卖，不甩卖）的情况

		Z 服装店	
		不甩卖	甩卖
Y服装店	不甩卖	（+500，+500）	（+300，+600）
	甩卖	（+600，+300）	（+200，+200）

在这个情况下，第一次子博弈选择（甩卖，不甩卖）的收益为（+600，+300）、选择（不甩卖，甩卖）的收益为（+300，+600）。也满足子博弈精炼均衡的条件。

接下来，让我们一起来看下面的策略（我将这个策略称为"最优策略"）。

Y 服装店：第一次甩卖期——不甩卖。

第一次甩卖期之后——

• 第一次甩卖期如果出现（甩卖，甩卖）或（不甩卖，不甩卖）的

107

策略组合，那么第二次选择不甩卖、第三次一定选择甩卖。

• 第一次甩卖期如果出现（不甩卖，甩卖）的策略组合，那么第二次和第三次都选择甩卖。

• 第一次甩卖期如果出现（甩卖，不甩卖）的策略组合，那么第二次和第三次都选择不甩卖。

Z 服装店：第一次甩卖期——不甩卖。

第一次甩卖期之后——

• 第一次甩卖期如果出现（甩卖，甩卖）或（不甩卖，不甩卖）的策略组合，那么第二次选择甩卖、第三次一定选择不甩卖。

• 第一次甩卖期如果出现（不甩卖，甩卖）的策略组合，那么第二次和第三次都选择不甩卖。

• 第一次甩卖期如果出现（甩卖，不甩卖）的策略组合，那么第二次和第三次都选择甩卖。

将上述内容简单地整理一下。上述策略是将后两次（第二次和第三次）的博弈策略组合到一起进行思考。在后两次的博弈中，如果第一次时两家店铺都选择不甩卖（或者两家都"背叛"选择甩卖），那么在后两次博弈中两家会在其中一次选择单独甩卖来赚取更多的收益。

如果在第一次的时候有一方选择了背叛，那么遭到背叛的一方一定

108

会选择"后两次全甩卖"来向对方进行报复（或者说制裁）。这种情况两名参与者也都了解。以后两次的选择为前提，利用逆向归纳法进行分析后，第一次子博弈的收益矩阵如图表2-12所示。

图表 2-12 逆向归纳法分析出的收益矩阵

加上第二次和第三次收益后的第一次子博弈的收益矩阵（"最优策略"的情况）

Z 服装店

		不甩卖	甩卖
A 服装店	不甩卖	（+500，+500）	（+600，+300）
	甩卖	（+300，+600）	（+200，+200）

在第一次甩卖期背叛，选择甩卖的参与者，知道对方会在后两次都选择甩卖，所以自己只能选择不甩卖来避免双方都选择甩卖而造成损失。结果背叛的参与者除了在第一次通过背叛获得 +300 的收益之外，后两次的收益都是零，总计收益只有 +300。

在各参与者获取收益的最高值下方划线，会发现在第一次子博弈中的纯策略纳什均衡只有（不甩卖，不甩卖）这一个（顺带一提，后两次子博弈中的策略，都是和第一次一样的同时博弈纯策略纳什均衡之一）。

将上述内容整理之后可以发现，上一页中看起来稍显复杂的"最优策略"在所有子博弈中都是纳什均衡策略，满足子博弈精炼均衡的条件。

在本节案例中，相同参与者有限次数地重复进行相同的博弈，且存在多个均衡策略。从这些均衡策略中选出对各参与者来说最有利的策略，依次代入各参与者，然后以各自获得的收益为"条件"，就可以有效防止参与者做出背叛的行为。

在上述重复三次的博弈中，第一次选择背叛的参与者肯定会在后两次遭到对方的报复（制裁），因此只能选择没有收益的策略（两次都是对方甩卖而自己不甩卖）。"报复威胁"来自双方在第一次博弈中"约定都不进行甩卖"的合作关系。此外，由于这一策略满足"子博弈精炼均衡"的条件，因此"报复威胁"具有可信性。

将图表2-11和图表2-12进行对比后，就会发现这两种策略之间存在的区别。在图表2-11之中，Y服装店和Z服装店之中多的一方可以获得+600的收益，少的一方则只能获得+300的收益，两者的总计收益为+900。与之相对的在图表2-12之中，Y服装店和Z服装店都能保证获得+500的收益，两者的总计收益为+1000，由此可见图表2-12的策略要优于图表2-11的策略。

这是因为在图表2-12中，两者第一次博弈时候选择（不甩卖，不甩卖）的总计收益为+400，比一方单独选择不甩卖另一方选择甩卖时的总

计收益 +300更多。

由此可见，通过将同一个博弈重复多次，可以使参与者做出与只进行一次博弈时完全不同的合作选择（也就是在第一次选择不甩卖，不甩卖）。而为合作关系提供保障的是其中一方背叛后其他参与者可能采取的"报复威胁"。

上述结论在商业活动中具有非常深刻的意义。当店家面对只交易一次的顾客（一锤子买卖）和面对长期顾客（老主顾）的时候，往往会给出完全不同的价格，这种情况十分常见。对于长期顾客，店家为了将合作关系保持下去，会做出"这次我赚得多，下次给他让点利"之类的选择。

在对重复博弈进行分析时会发现一个很有趣的问题。那就是参与者之间的合作关系并不需要事先商谈，参与者都是在追求自身收益最大化的过程中自然而然地做出了双赢的选择。而且参与者相互之间要想维持长时间的合作关系，必须在"背叛就会遭到报复（或者遭受损失）"这个问题上达成共识。

* * *

不过，像"囚徒困境"那样在各子博弈中都只存在单独均衡的情况，基于"报复威胁"的合作关系就无法发挥作用。但这个问题可以通过将博弈变成无限重复来解决。我将在下一节中进行说明。

专栏：用博弈树来表现重复两次的囚徒困境

为了给大家提供一个参考，我们试着用博弈树来表现一下"两次重复囚徒困境"（参考图表2-13）。需要注意哪些部分的信息是参与者不知道的（虚线连接的部分）。

因为参与者2的分歧点全都被虚线连接起来，所以没有以这些分歧点为起点的子博弈。这个博弈的子博弈只有以参与者1的分歧点为起点（最左边和中央）的两个。

图表 2-13 两次重复囚徒困境的博弈树

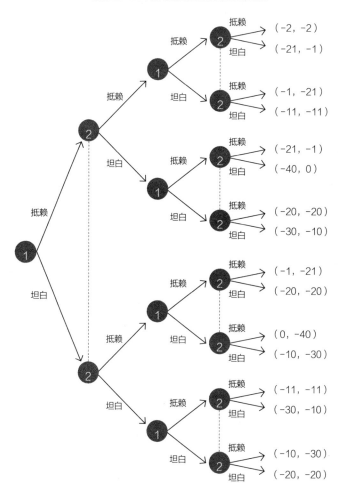

113

第3节：无限重复博弈

无限重复博弈最大的特点就是不存在最后一次的（子）博弈。这样一来，参与者就可以从自己不喜欢的占优策略中摆脱出来。在这种情况下要想维持合作关系，"报复威胁"必须长期具有可信性。因此，通过某种行动来使策略发生永久性转变的"触发策略"十分有效。

一、案例7：大甩卖策略②

Y服装店和Z服装店都是位于郊外X町站前商店街的两家服装店。

Y服装店的老板横山需要在五月末的商店街协会议上宣布自己是否参加夏季大甩卖活动。根据协会的规定，一旦商家决定进行甩卖就不能取消。横山四处收集信息，但直到会议召开一周前仍然没有决定是否应该参加甩卖活动。

＊＊＊

就在这个时候，商店街协会委托管理顾问进行的市场调查终于得出了结果。这是商店街协会自己出资在半年前下达的委托，目的是给商店街的店家提供一些关于促销活动的参考，只不过出结果的时间比预定晚了许多。

这份调查的数据证明 Y 服装店和 Z 服装店之前的预测都基本准确，只有一点，那就是在两家同时进行甩卖的情况下，期待收益比之前双方各自预测的收益更高。具体来说就是当两家店铺都进行甩卖的时候，因为前来购买的顾客会比平时增加很多，所以双方都能够获得100万日元的收益，而非之前预测的出现100万日元的亏损。

Z 服装店的老板钱川也拿到了这份市场调查的结果。那么，对于这个"好消息"，横山又是怎么看的呢？他再次用和之前相同的分析方法对新的期待收益进行了分析。而且这次他将分析更进一步，以甩卖活动在今后一直持续为前提进行思考。

理论

在本节之中，我将和大家一起思考当博弈变成无限重复的时候，其性质都会发生哪些改变。比如企业间的交易，一般情况下来说都是长期持续的情况比较多，而非只进行两三次就结束（有限次数）。像这种一直持续下去的博弈被称为"无限重复博弈"。

无限重复博弈的特点就是不存在最后一次的（子）博弈。这也就意味着之前我们在对序贯博弈和有限重复博弈进行分析时使用的逆向归纳法无法用在无限重复博弈上。那么，无限重复博弈和有限重复博弈之间有哪些异同，以及我们应该用什么方法对其进行分析呢？在本节之中我就将和大家一起思考上述问题。

二、有限（案例6）与无限（案例7）的比较

如果将本章开头案例7中的市场调查结果代入到案例6之中，博弈会发生怎样的变化呢？首先我们将案例6和案例7都只进行一次博弈情况下的收益矩阵进行一下比较（图表2-14）。按照惯例，收益数字下的直线代表这是对各参与者来说最有利的选择。

因为两家都进行甩卖时的收益从亏损变成得利，因此这个博弈的性质发生了明显的变化。通过收益数值的下划线就能看出来，在本节的博弈之中，两家服装店都应该选择甩卖，在这种情况下不管对方如何选择，自身都处于有利位置。也就是说，在这个博弈之中（甩卖，甩卖）是占优策略。

这就和"囚徒困境"一模一样。因此，两家店铺即便在选择（不甩卖，不甩卖）的时候能够获得更高的收益，也仍然会选择（甩卖，甩卖）的策略。正如我们在上一节中分析过的那样，只要博弈的次数有限，那么不管重复多少次，双方都会选择（甩卖，甩卖）的占优策略。

図表 2-14 案例 6 与案例 7 的收益矩阵

【案例6】

Z 服装店

		不甩卖	甩卖
Y 服装店	不甩卖	(+200，+200)	(<u>0</u>，+300)
	甩卖	(<u>+300</u>，<u>0</u>)	(-100，-100)

【案例7】

Z 服装店

		不甩卖	甩卖
Y 服装店	不甩卖	(+200，+200)	(+0，<u>+300</u>)
	甩卖	(<u>+300</u>，0)	(<u>+100</u>，<u>+100</u>)

　　在这个新的博弈之中，就像上一节中分析过的那样，在三次的重复中不可能出现合作关系。就算双方事先商量好在后两次之中各自进行一次甩卖，也很有可能出现背叛的情况。因为自己不甩卖的时候收益为零，如果背叛进行甩卖的话则能够获得 +100万日元的收益。这个

诱惑是难以抗拒的。

像这样只有一个均衡策略的博弈重复进行有限次数的情况下，基于逆向归纳法每次都选择均衡策略是唯一满足子博弈精炼均衡的策略。正如我在上一节中介绍过的那样，这就是"逆向归纳悖论"。

三、无限重复囚徒困境

接下来让我们思考一下这个博弈无限重复的情况。很显然在这种情况下，"从最初到最后永远选择甩卖"的策略组合满足子博弈精炼均衡的条件（在所有子博弈之中各参与者都选择纳什均衡策略）。但在无限重复博弈之中，由于没有最后一次子博弈的存在，因此无法使用逆向归纳法。在这个策略组合之中，两家店铺都会永远选择甩卖，而不会选择可能获得更多收益的（不甩卖，不甩卖）。

但是，在无限重复囚徒困境之中还存在别的策略。当博弈变为无限重复的时候，以下的策略也满足子博弈精炼均衡的条件。

Y服装店：第一次选择甩卖，之后在对手选择甩卖之前自身都选择不甩卖。

当对手选择甩卖后自身也永远选择甩卖。

Z 服装店：第一次选择甩卖，之后在对手选择甩卖之前自身都选择不甩卖。

当对手选择甩卖后自身也永远选择甩卖。

在这个博弈中，如果一家服装店选择甩卖，另一家也选择甩卖进行对抗的话就能够获得更高的收益。以此为前提，让我们思考一下双方选择上述策略的情况下，各"子博弈"的收益情况。

双方都不甩卖：每次两家店铺都 +200 万日元的收益。

任何一方（背叛）选择甩卖——

甩卖方：+300 万日元的收益。

不甩卖方：零收益。

任何一方（背叛）选择甩卖之后：每次两家店铺都 +100 万日元的收益。

在这个策略之中，选择背叛的店铺只有在当次的子博弈中能够获得更多的收益，即 300 万日元，而从今往后的所有子博弈中都只能获得 100 万日元，与选择（不甩卖，不甩卖）时相比收益减少了 100 万日元。也就是说，如果只为了眼前的收益选择"背叛"的话，显然是非常不划算的。

综上所述，在这个博弈之中，不仅当任何一方选择甩卖之后的子博弈中各参与者都选择纳什均衡（这也是占优策略），而且在以"两者都不甩卖"期间的分歧点为起点的子博弈中,各参与者也选择纳什均衡(因此满足子博弈精炼均衡的条件)。而且在选择这个策略组合的情况下,两家服装店(只要其中一方不犯错或者背叛选择"甩卖")一直选择"不甩卖"的可能性非常高。

触发策略

在无限重复博弈之中,因为"报复威胁"[1]的存在,各参与者可能会采取合作的策略。在本节案例中,任何一方参与者采取"甩卖"的行动之后,都会遭到另一方的报复性甩卖,结果两家店铺就会陷入甩卖的竞争之中。对于"背叛的参与者"来说,未来减少的收益要远远大于眼前的收益,这就是"遭到背叛的参与者"所采取的报复行动。而这个"报复威胁"就是迫使两名参与者不敢背叛保持合作的保险。

此外,类似这种"以某种行动为契机永久转变策略"的策略被称为"触发策略"。

需要注意的是,这个策略与另一个子博弈精炼均衡策略"两者每次都选择甩卖"相比期待收益更高。至少在两者都不进行甩卖的期间要比两者都选择甩卖的情况下多100万日元的收益。

当类似这样的"囚徒困境"重复无限次的时候,各参与者就可以从被迫选择(甩卖,甩卖)这一占优策略中摆脱出来,选择收益更高的(不

---

[1] 这个策略组合满足子博弈精炼均衡的条件,"报复威胁"具有可信性。

甩卖，不甩卖）策略组合。

如果换到商业活动的环境之中，无限重复可以看作对当事人来说"不知道何时结束"的交易。总之，只要是不知道哪次是最后一次，无法通过"逆向归纳法"进行分析的状况就都可以看作是无限重复博弈。

不过，要想维持合作关系，"报复威胁"必须长期具有可信性。比如在甩卖竞争的过程中，如果其中一方的资金链出现问题导致无法继续竞争，那么另一方肯定会抓住这个机会用"逆向归纳法"进行分析，继而不再采取合作的行动。

四、收益的现价值与无限重复博弈

到目前为止我们分析的都是每次获得同样的收益，并且将收益单纯相加的情况，但现实中的情况并非如此。将来不同时间点获得的收益必须按照某种基准（比率）换算成现在的金额来计算收益。接下来我就将为大家介绍现在获取的收益比将来获取的收益价值更高（时间价值）的情况下应该如何进行分析。

打个比方来说，我们现在就能获得的100万日元和半年后才能获得的100万日元在价值上是不同的。

现在如果有100万日元，只要运用得当就能够获得投资收益（利息等）。假设半年间的投资收益率为5%，那么半年后这100万日元就会变成105万日元。也就是说半年后才能获得的100万日元，比现在的100万日元价值更低。那么半年后获得的100万日元换算成现在的价值应该是多少呢？要想回答这个问题就要了解被称为"现价值"的概念。

接下来让我们将5%的半年投资收益率代入到案例7之中进行一下思考。假设两家店铺半年的投资收益率都是5%，那么半年后获得的100万日元的现价值如下所示。

（半年后获得的100万日元的现价值）×（1+0.05）=

100万日元（半年后获得的100万日元的现价值）=

100万日元÷1.05=95万2381日元

也就是说现在的95万多一点就拥有与半年后100万日元相等的价值。

那么在"双方都无限重复甩卖"的情况下各参与者收益的现价值（第一次子博弈的时间点）是多少呢？在选择这个策略的情况下，每次（每半年的甩卖期）双方获得100万日元的收益无限重复，可以整理出如下算式。

（收益的现价值）=

$100+100÷1.05+100÷(1.05)^2+100÷(1.05)^3+······$

对于这种无限累加求和的算式有一个非常简单的公式。上述算式的合计值（现价值的合计值）如下，也就是2100万日元。

$$100 \div \left(1 - \frac{1}{1.05}\right) = 2100$$

接下来再思考一下本节中介绍的另一个策略（触发策略）的情况。首先是双方都遵守约定永远不进行甩卖的情况，每次（每半年的甩卖期）双方获得200万日元的收益无限重复，用同样的算式计算如下，也就是说将来的收益的现价值合计为4200万日元。

$$200 \div \left(1 - \frac{1}{1.05}\right) = 4200$$

那么再来看看其中一方选择背叛的情况。以背叛时间点为基准，背叛方今后收益的现价值在选择背叛和不背叛的情况下分别如下所示。

（一）选择背叛的情况

本次（因为背叛）收益300万日元，从此以后双方开始甩卖竞争，收益永远是100万日元。收益的现价值合计为2300万日元。

$$300 + 100 \div 1.05 + 100 \div (1.05)^2 +$$
$$100 \div (1.05)^3 + \cdots\cdots =$$
$$300 + 100 \div \left(1 - \frac{1}{1.05}\right) \div 1.05 = 2300$$

（二）选择不背叛的情况

本次以及从此以后收益永远是200万日元。收益的现价值合计为4200万日元。

$$200+200÷1.05+200÷（1.05）^2+\cdots\cdots=$$
$$200÷（1-\frac{1}{1.05}）=4200$$

综上所述，在投资收益率为5%的前提下，选择不背叛的收益现价值更高，所以参与者不会选择甩卖。

那么，如果双方的投资收益率都为200%（比率为3）的话又将怎样呢（这是一个比较极端的例子）。按照同样的计算方法。

（三）选择背叛的情况

收益的现价值合计：350万日元。

$$300+100÷3+100÷（3）^2+100÷（3）^3+\cdots\cdots=$$
$$300+100÷（1-\frac{1}{3}）÷3=350$$

（四）选择不背叛的情况

收益的现价值合计：300万日元。

$$200 \div \left(1 - \frac{1}{3}\right) = 300$$

这样一来，选择背叛的现价值合计更多。因为将来获得的收益的现价值太低，所以将来的"报复"行为所导致的损失也随之降低。那么先选择背叛赚取眼前的收益，然后用这笔资金进行投资就比老老实实地选择合作获得的收益更多。

在这个案例中导致出现逆转现象的投资收益率分界线是100%（比率为2）。因为当投资收益率为这个数值的时候，就会出现如下不管是否选择背叛，现价值都相等的情况。

（五）选择背叛的情况

收益的现价值合计：400万日元。

$$300 + 100 \div 2 + 100 \div (2)^2 + 100 \div (2)^3 + \cdots\cdots =$$
$$300 + 100 \div \left(1 - \frac{1}{2}\right) \div 2 = 400$$

（六）选择不背叛的情况

收益的现价值合计：400万日元。

$$200 \div \left(1 - \frac{1}{2}\right) = 400$$

像这样把将来获得的收益换算成现价值的情况下，投资收益率（将来收益与现在收益的比率，也可以称之为时间偏好率①）也会成为影响双方是否能够在重复博弈中维持合作关系的因素。

一般来说，投资收益率越高，本节中介绍的通过采取触发策略利用"报复威胁"实现合作关系的策略就越难以实现。因为先下手为强选择背叛获取的眼前利益比将来失去的收益更多。

反之，投资收益率越低（或者说各参与者都不注重眼前的利益），越有可能出现合作关系。

在商业活动的现场，一味追求眼前的利益而置长远于不顾，选择过度竞争策略的企业数不胜数。如果交易双方都对金钱有过度的追求，那么很难培养出长期的合作关系。交易对象之间要想实现合作关系，首先要每一位参与者对获取收益拥有足够的耐心②。

---

① "时间偏好"指的是当事人对现在立刻获得收益和将来获得收益进行比较时更注重哪一个。

② 对获取收益拥有足够耐心的参与者进行重复博弈的时候，通过"触发策略"可以拥有许多满足"子博弈精炼均衡"的策略组合选择。这就是博弈论中著名的"佚名定理"。

第 2 部
──────────

应·用·篇

第3章 加入信息的不确定性

第3章前言

　　人们早就发现了信息的重要性——"信息是继人才、物资、资金之后的第四大经营资源""掌控信息的人将掌控整个世界"。近年来，随着IT（信息技术）的发展，如何收集有用的信息以及如何将信息在公司内部共享成为诸多企业的首要课题。与此同时，各种各样与信息相关的解说书也出现在大街小巷。

　　尽管世人对信息的重视程度越来越高，但在商业领域人们对信息的认识却忽视了一点，那就是"自己和对手之间存在怎样的信息差距，这个差距会给两者之间的关系带来怎样的影响"。

　　在和对方进行谈判之前，你是否想过"他们对我们了解多少，他们对我们的印象如何"。或者更进一步思考"我应该向他们透露哪些信息，又有哪些信息应该绝对保密，原因是什么"。恐怕很少有人注意到这些问题吧。

　　事实上，不管是经营者还是政治家，要想让别人按照自己的想法行动，就必须了解自己与对方（竞争对手、部下）之间存在怎样的"信息差"（博弈论称之为非对称信息），以及这个"信息差"拥有什么意义，并且能够灵活地加以利用。在本章之中，我将通过博弈模型从理论的角度为大家介绍利用"信息差"的方法。

说起利用"信息差"，或许会给人留下一种玩弄权谋术数的印象，但本章为大家介绍的绝对不是什么卑鄙无耻的战术。关键在于将自己身处的状况放到一个可视化的结构之中，然后思考是否能够改变这个结构。这也是本书一贯坚持的理念。

本章的构成

在第1节中，我将通过一个简单的模型来为大家介绍当博弈的参与者存在信息差的时候会对各参与者的决策造成怎样的影响，以及相互之间会出现怎样的问题。如果大家对近年来为什么人们对"信息公开"愈发重视存在疑问，那么在读完本节之后一定会有深刻的理解。

在第2节中我将为大家介绍对手对自身没有准确认知的情况，或者说如何通过隐瞒自身的真实情况，使状况向有利于自身的方向发展的战术进行分析。读完本节，相信诸位读者就不会再犯"看走眼"的错误。

在第3节中我将为大家介绍近年来颇受博弈论研究者们关注的"委托人和代理人"之间的博弈。这个博弈模型可以帮助我们分析如何才能用最小的成本使对方按照自己的意思行动，以及为了实现这一目标究竟需要哪些信息。在网络型和虚拟型组织越来越多的今天，类似"委托人和代理人"这样的关系是不可避免的。因此，这一领域的研究在未来将愈发重要。

在第4节中我们将一起分析"竞拍"这一博弈的结构。在这一领域中，信息可以说是决定胜负的关键，而直觉则完全靠不住。

最后，在第5节中我将为大家介绍将本书中提到的内容综合到一起的"交涉博弈"。在这一节中还会出现和非合作博弈完全不同的合作方式，希望大家能够注意两者之间的差异。

第1节：非对称信息博弈

要 点

在博弈中，所有参与者都拥有同样信息的情况并不多见。而各参与者拥有的信息各不相同的博弈被称为"非对称信息博弈"。其中应用范围最广的博弈就是"信号博弈"。在这种博弈之中，拥有信息的参与者会根据自己拥有的信息选择策略，而这种参与者的行动就会发出一个信号，其他没有信息的参与者会根据这个信号来推测该参与者拥有什么信息，并且以此为基础选择自己的策略。

案 例

一、案例8：买卖双方的策略

W 町郊外有一家紧挨着主干路的二手车专卖店。店老板长濑正在思考店内销量最好的进口车"V 货车"的销售方针。

在现有的"V 货车"库存之中，有三分之二是和新车几乎一样的"良

133

品"，剩余的三分之一则是性能上存在一些问题的"不良品"。长濑打算从库存中随便挑选一辆作为店铺里的展示样品。

"良品"的市场价值（进货价）为150万日元，"不良品"的市场价值为90万日元。对于长濑来说，他一眼就能看出哪辆车是"良品"哪辆车是"不良品"。当然，如果将"不良品"直接拿到店面去，买家在试驾的时候也会发现这是"不良品"。但"不良品"可以通过更换一部分零件和技术加工使其乍看起来与"良品"毫无二致。

不过，更换零件需要花费一定的成本，而且技术加工只能在很短的时间内（试驾期间）将"不良品"伪装成"良品"，并不能实际增加"不良品"90万日元的本来价值。

长濑的二手车专卖店价格非常低廉但没有售后服务，一旦买家将"不良品"二手车误认为"良品"二手车而买下来的话，不管出现任何问题都不退不换。因此如果长濑能够将"不良品"伪装成"良品"并且卖出去的话，就能够获取高额的收益。

来长濑的店里购买二手车的主要顾客群体是路过此地的游客，但作为常识，他们也知道店里用作展示的汽车之中既有"良品"也有"不良品"。如果将购买汽车时的使用价值换算成收益的话，那么对买家来说购买"良品"相当于获得160万日元的收益，购买"不良品"相当于获得100万日元的收益。因此，买家的收益就是购买价格减去收益价格的差值。

但买家不会支付超过160万日元和100万日元的价格。那么对长濑来说，当买家将"不良品"误认为是"良品"的时候，他应该给出160万日元的价格，但如果买家发现这辆车是"不良品"，那么他就应该给出100万日元的价格。

＊ ＊ ＊

长濑和买家对于"良品"或者"不良品"性能之外的其他条件都很清楚。那么长濑在选择"良品"或者"不良品"作为展示的时候，应该分别标价多少呢。在这种情况下买家又会采取怎样的行动呢。

长濑意识到，决定展示价格的关键在于将"不良品"伪装成"良品"的零件费用。但他却完全预料不到买家会采取怎样的行动。

于是长濑找到自己做管理顾问的朋友本田，希望他能够告诉自己应该采取怎样的价格策略。

理论

在前文中我为大家介绍的博弈都是以"博弈的所有参与者都掌握博弈的全部相关信息"为前提的，本书将类似这样的博弈称为对称信息博弈。

但在实际的商业活动之中，所有参与者都掌握全部相关信息的情况并不多见。比如在进行商品交易的时候，生产者和销售者永远比消费者掌握更多的商品信息，像这种有一方在信息方面处于优势地位的情况属于常态。

本书将参与者并不拥有相同信息的博弈称为非对称信息博弈。在本章之中我将为大家介绍"非对称信息博弈"的特征及其给商业活动带来的启示。

二、商业活动现场的非对称信息博弈

非对称信息博弈最典型的例子，就是像本节案例8那样，消费者（买家）向生产者和销售者（二手车经销商）购买商品的情况。在案例中，显然经销商对店里展示的汽车价值（以行驶距离、性能、事故情况等为基准评估的二手车市场价值）有更详细的了解。

不管买家多么认真仔细地检查汽车状况，都难以准确地分辨出展示的汽车是否与其标价所示的价值一致。也就是说，买家和卖家相比拥有的信息更少。

企业间的交易也存在同样的情况。比如银行要给一家初创企业提供无担保贷款。那么银行必须对这家企业未来的收益状况进行评估，然后才能决定具体的贷款金额。

银行会通过检查企业的财务报表、到企业现场进行参观考察以及与经营者面谈等方法来尽可能准确地把握企业的未来价值。但即便如此，银行也无法在企业价值方面拥有与该企业的经营者相同程度的信息。当这家企业想要在股票市场上市的时候，与股票投资者之间也会出现同样的问题。

其他比较接近我们日常生活的例子还有企业招聘。在招聘的时候，企业会通过看履历、笔试、面试等方法来对求职者的资质进行分析，但最清楚自己资质的还是求职者本人。

本节介绍的博弈，就是在这种非对称信息的情况下进行的。信息相对较少的参与者（买家、银行、招聘企业），如何通过信息相对较多的参与者（卖家、创业企业、求职者）的行动以及外部能够观察到的证书和头衔等"信号"来推测出对方的"真实状态"（优良或不良）。

像这种拥有信息的参与者基于自己拥有的信息首先采取某种行动或者发出某种信号（其他参与者能够观察此行动和信号），缺少信息的参与者根据拥有信息的参与者才去的行动或发出的信号来推测其所拥有的信息内容并选择自身策略的博弈被称为信号博弈。信号博弈是非对称信息博弈中应用范围最广的博弈之一。

三、用博弈树来表现非对称信息博弈

让我们来分析一下本节案例中各参与者应该采取什么行动。为了便于分析，我们先用博弈树来将这个博弈表现出来。在这个时候，我们需要引入自然 nature，（分歧点以"N"表示，意思是"偶然女神"）的概念，作为新的参与者。

"偶然女神"在这个博弈最开始的阶段，决定被选中的二手车是"良品"（真正价值为150万日元）还是"不良品"（真正价值为90万日元）。

具体的概率为"良品"三分之二、"不良品"三分之一。大家可以想象这样的情况，"良品"和"不良品"以2比1的比例停放在车库里，"女神"闭着眼睛从中选择一辆汽车交给店老板。

在这种情况下，拥有信息的参与者是店老板，没有信息的参与者是买家。店老板一眼就能看出"女神"挑选的汽车是"良品"还是"不良品"。

如果店老板从"女神"手里拿到的汽车是"良品"，那么只要直接摆到店里销售即可，但如果拿到的汽车是"不良品"，那么店老板既可以直接摆到店里销售，也可以通过一些加工使其在试驾期间内看起来像是"良品"。

假设这些加工需要花费 c 万日元的零件成本。虽然这些加工只能在短期内掩盖汽车的真相，对汽车的真正价值不会产生任何影响，但可以使买家在购买之前无法判断汽车实际上是"良品"还是"不良品"。而且就算买家在买下汽车之后发现是"不良品"，店老板也不会承担任何责任。店老板将汽车摆到店里销售的同时，需要给汽车标记价格（p）。

在这个博弈之中，二手车的买家唯一不知道的信息只有摆在店里的汽车究竟是"良品"还是"不良品"。除此之外像店老板从"女神"手里拿到"良品"和"不良品"的概率，"良品"和"不良品"的真正价值以及店老板将"不良品"伪装成"良品"的零件成本（c）等信息买家全都知道。

如果买家（参与者2）能够准确把握汽车状况的话，那么在汽车价格不超过真正价值 +10 万日元的情况下一定会选择购买。对买家来说通过购买汽车能够获得汽车真正价值 +10万日元的满足感（"良品"的话就是160万日元，"不良品"的话就是100万日元），这个满足感减去实际支付的价格就是买家获得的收益。

另一方面，卖家（参与者1）的收益则是汽车的销售价格减去成本（＝汽车的真正价值）。

根据上述前提，将这个博弈用博弈树表现出来如图表3-1所示。此处需要注意买家（参与者2）的分歧点。买家不知道自己购买的汽车究竟是"良品"还是"不良品"，因此买家的分歧点被用虚线连接在一起。

图表 3-1 二手车买家与卖家的博弈树

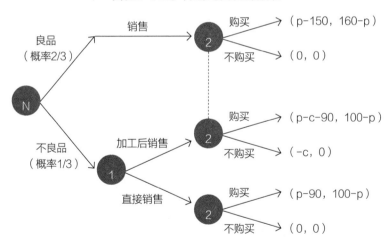

139

四、分离均衡成立的情况：零件成本太高的时候

如果零件成本 c 太高，比如需要花费100万日元来进行加工，那么卖家就不会费工夫将"不良品"伪装成"良品"（图表3-2）。

图表 3-2 零件成本太高时（c=100）的博弈树

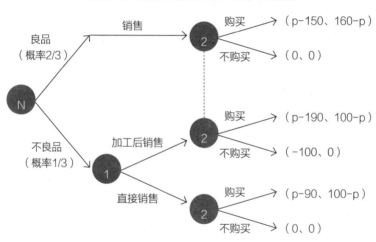

正如前文中介绍过的那样，买家给"良品"的支付上限 p 是"良品"的价值（150万日元）+10万日元 =160万日元。如果超出这个价格那么买家的收益就将变成负值，所以买家选择"不购买"策略能够获得更高的收益（=0）。

如果卖家将"不良品"直接摆在店里销售，那么买家最多只会支付

"不良品"的价值（90万日元）+10万日元=100万日元的价格，在这种情况下卖家的收益为10万日元。而买家的收益则是100-100=0，和选择"不购买"时的收益相同。

而如果卖家将"不良品"伪装成"良品"并且以160万日元的价格售出。那么在这种情况下卖家的收益为p-c-90=160-100-90=-30。也就是说，经过加工后卖家会出现30万日元的亏损。

综上所述，若零件成本超出"良品"与"不良品"之间的差额60万日元，卖家将"不良品"直接摆在店里销售反而能够获得更高的收益。在这种情况下卖家使自身收益最大化的策略如下所示。

• 汽车是"良品"时：直接摆在店里销售，标价p=160万日元。

• 汽车是"不良品"时：直接摆在店里销售，标价p=100万日元。

因为买家知道"良品"与"不良品"的真正价值，也知道卖家将"不良品"伪装成"良品"所需要花费的零件成本（c），所以买家能够推测出卖家的这一策略。

在买家购买汽车的时候，如果看中的汽车是160万日元，那么买家就能够确信这辆车是"良品"，从而放心地进行购买。因此买家的策略如下。

• 店里展示的汽车价格p=160万日元的时候：汽车是"良品"，所以支付 p=160万日元购买。

·店里展示的汽车价格 p=100万日元的时候 : 汽车是"不良品",所以支付 p=100万日元购买。

像这种各参与者的策略根据"自然"预先选择的状况（在本案例中为二手车的真正价值）而各不相同的情况被称为分离均衡。

五、分离均衡不成立的情况与逆向选择理论

那么，如果零件成本非常低的话又会怎样呢? 假设零件成本为零，那么情况如图表3-3所示。

图表 3-3 零件成本为零的情况（c=0）的博弈树

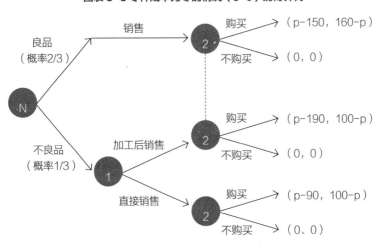

这种情况下，如果卖家能够将"不良品"伪装成"良品"以 p=160万日元的价格卖出去的话，那么就能够赚取 p-c-90=160-0-90=70万日元的收益。也就是说，与将"不良品"直接摆在店里以100万日元的价格进行销售的时候（收益10万日元）相比，能够多获得60万日元的收益。

在将"不良品"伪装成"良品"所需的零件成本为零的情况下，卖家的最优策略如下所示 [1]。

- 汽车是"良品"时：直接摆在店里销售，标价 p=160万日元。
- 汽车是"不良品"时：伪装成良品在店里销售，标价 p=160万日元。

但是对买家来说，很容易就能够想到这家二手车专卖店有将"不良品"伪装成"良品"的汽车。因此，在这种情况下就算店里展示的二手车标价是160万日元，买家也不会愿意支付这个价格。

当标价160万日元的"良品"之中混有"不良品"的时候，买家在进行"购买"或者"不购买"的选择时，首先要对两者的期待收益进行比较。也就是说，买家要根据卖家从"偶然的女神"那里拿到"良品"和"不良品"的概率（2/3和1/3），计算自己购买汽车的期待收益。

---

[1] 像这样各参与者的策略不受"自然"预先选择状况（在本案例中为二手车的真正价值）的影响，都选择统一策略的情况被称为合并均衡。

买家选择购买时的期待收益 =

（选中"良品"时的收益）×（选中"良品"的概率）+

（选中"不良品"时的收益）×（选中"不良品"的概率）=

（160-p）× $\frac{2}{3}$ +（100-p）× $\frac{1}{3}$ =140-p（万日元）

买家选择不购买时的期待收益 =0（万日元）

买家只有在140-p > 0，也就是标价低于140万日元的情况下才会选择"购买"的策略（在标价140万日元的时候买家的期待收益为零，但假设在这种情况下买家也会选择购买）。如果超出这个价格，买家选择"不购买"获得的收益更多。那么买家的策略如下所示。

• 只有价格 p 在140万日元以下的时候才购买。

卖家当然也能够预测到这一结果，所以当卖家采取前文中提到的"将所有汽车都标价160万日元进行销售，使自身获得最大收益"的最优策略时，一辆汽车也卖不出去。于是卖家只能将价格设置在买家能接受的最大范围140万日元，但这样一来如果汽车真是"良品"的话，卖家每卖出去一辆就会亏损10万日元。

因此，卖家又想出了如下的策略。

• 当汽车是"良品"的时候：不摆出来销售。

•当汽车是"不良品"的时候：伪装成"良品"销售，标价 p=140万日元。

但卖家的这一策略也会被买家识破。所以在这种情况下买家不会出140万日元购买二手车。买家的策略会变成下面这样。

•不管看起来如何，摆出来销售的汽车全都是"不良品"。
•因此只有价格 p 在100万日元以下的时候才购买。

在买卖双方不断见招拆招的最后，卖家的策略将变成下面这样。

•当汽车是"良品"的时候：不摆出来销售。
•当汽车是"不良品"的时候：直接摆出来销售，标价 p=100万日元。

当然，卖家也可以零成本地将"不良品"伪装成"良品"，但因为买家知道摆出来卖的汽车全是"不良品"，所以不管是否伪装都只能卖100万日元。

也就是说，在这种情况下"良品"不会被摆出来销售。因为买家无法分辨"良品"和"不良品"，那么"良品"就会从市场消失。也就是所谓的"劣币驱逐良币"。

在这个案例之中汽车的品质只分为两个种类（"良品"或"不良品"）。但就算品质分为10个档次（最高级10、最低级1），思考方法也一样。买卖双方博弈的结果就是高品质的商品依次从市场消失，最终只有品质最低的商品留了下来。

这种现象被称为"逆向选择"，在买家无法分辨商品好坏的情况下，买家会不断地压低价格，导致出现"柠檬市场"（"柠檬"在美国俗语中意为"次品"）。而拥有高品质商品的卖家则会退出"柠檬市场"。

顺带一提，买卖双方最后采取的策略，满足精炼贝叶斯均衡的条件（参见本节末尾的补充）。

六、商业活动中常见的逆向选择事例及对策

前文中介绍的"逆向选择"悖论为商业活动提供了重要的启示。那就是在信息非对称的情况下，参与者的猜忌会使市场交易中商品的价格持续走低。更重要的是，价格持续走低会导致市场中提供高品质商品的卖家选择退出，结果出现市场规模缩小甚至彻底消失，即市场失灵的情况。

要想防止出现这种情况，最直接的办法就是提高卖家将"不良品"伪装成"良品"的成本。即便零件成本为零，卖家可以轻而易举地将"不良品"伪装成"良品"，那么销售"良品"的卖家只要为二手车提供售后

服务即可。比如"购买汽车后如果出现质量问题将获得100万日元的赔偿金"。

这样一来，将"不良品"伪装成"良品"销售的卖家实际收益就变成了160-90-100（赔偿金）=-30万日元，显然不划算。也就是说，卖家通过提供售后服务使情况变得和零件成本为100万日元时一样，从而实现了分离均衡。

让我们再来看一看计划公开发售股票的企业的情况。在这种情况下，二手车的真正价值就相当于企业的真正价值。"二手车"就是"企业公开发售的股票"，"二手车的价格"就是"股票公开发售时的价格"。如果"柠檬公司"能够轻而易举地将自己伪装成"优良公司"，那么投资者就无法分辨两种公司，结果企业只能以相当于所有企业平均期待值的价格来发售股票（"合并均衡"的状态）。

在这种情况下，公开发售的股票价格持续走低，"优良公司"不愿通过公开发售股票的方式筹集资金。结果在股票市场上就只剩下"柠檬公司"。梅叶斯（Myers）和梅吉拉夫（Majluf）于1984年发表了著名的Myers-Mejluf模型，对每当公司发行新股票时都会导致股票价格下降的柠檬市场问题进行了说明（可参考 *A Primer in Game Theory*）。

要想防止出现这种逆向选择的情况，最有效的办法就是增加"柠檬"伪装成"优良"的成本。以公开发售股票为例，可以采取加强企业信息公开制度，对弄虚作假严厉惩罚等措施。

如果企业信息公开制度非常严格，那么"柠檬公司"就难以靠造假财务数字来将自己伪装成"优良公司"。此外，要求弄虚作假的企业经营者承担刑事责任或者经济赔偿，也能够有效地阻止"柠檬公司"伪装成"优良公司"。

通过提高"伪装成本"实现分离均衡，可以使股票市场恢复正常的状况，让"优良公司股票价格高""柠檬公司股票价格低"。如果优良公司的股票价格与自身价值相符，那么优良公司就会愿意公开发售股票，从而使股票市场更加有效地发挥资金调节和分配的本来作用。

信息公开不仅对购买股票的投资者有利，同时也能够通过降低信息的非对称性来避免"柠檬市场"问题，使企业本身获益。在股票市场低迷的状况下，加强信息公开的重要性不言而喻。

七、补充：贝叶斯法则、贝叶斯均衡、精炼贝叶斯均衡

在对非对称信息博弈进行分析的时候，条件概率的概念非常重要。条件概率指的是在观察到某现象（在本节案例中就是卖家将摆在店里销售的汽车标价160万日元）的前提下，发生某情况的概率（比如摆在店里销售的汽车是"良品"的概率）。

与之相对的，没有这种限定条件的通常概率则被称为无条件概率。

假设发生某现象 A 的无条件概率为 p（A），不发生某现象 A（此状态用 $\overline{A}$ 表示）的概率为 p（$\overline{A}$），观察到某现象 B 时发生现象 A 的条件

概率为 p（A|B）。那么在这种情况下，可知两者之间存在以下的关系，这种关系也被称为贝叶斯法则。

$$p（A|B）= \frac{p（B|A）×p（A）}{p（B|A）×p（A）+p（B|\overline{A}）×p（\overline{A}）}$$

让我们结合本节的案例来对贝叶斯法则的意义进行一下分析。首先是零件成本很高的情况（分离均衡）。假设"汽车是良品"的概率为 A（"不良品"的概率用 $\overline{A}$ 表示），"卖家给摆出来销售的汽车标价160万日元"为 B（除此以外的时候标价为100万日元，概率用 B 表示）。

汽车是"良品"的（无条件）概率 =

p（A）=2/3

汽车是"不良品"的（无条件）概率 =

p（$\overline{A}$）=1−p（A）=1/3

正如前文中所说，在零部件成本极高的情况下，如果汽车是"良品"，卖家就会直接标价160万日元销售，如果汽车是"不良品"，卖家则直接标价100万日元销售。

汽车是"良品"的情况下，标价160万日元销售的条件概率 =

$$p(B|A) = 1$$

汽车是"良品"的情况下，标价100万日元销售的条件概率 =

$$p(\overline{B}|A) = 0$$

汽车是"不良品"的情况下，标价160万日元销售的条件概率 =

$$p(B|\overline{A}) = 0$$

汽车是"不良品"的情况下，标价100万日元销售的条件概率 =

$$p(\overline{B}|\overline{A}) = 1$$

综上所述，标价160万日元或100万日元销售的汽车实际为"良品"或"不良品"的条件概率，根据贝叶斯法则计算如下。

标价160万日元销售的汽车实际为"良品"的条件概率 =

$$p(A|B) = \frac{p(B|A) \times p(A)}{p(B|A) \times p(A) + p(B|\overline{A}) \times p(\overline{A})} = $$

$$\frac{1 \times 2/3}{1 \times 2/3 + 0 \times 1/3} = 1$$

标价160万日元销售的汽车实际为"不良品"的条件概率 =

$$p(\bar{A}|B) = \frac{p(B|\bar{A}) \times p(\bar{A})}{p(B|A) \times p(A) + p(B|\bar{A}) \times p(\bar{A})} =$$

$$\frac{0 \times 1/3}{1 \times 2/3 + 0 \times 1/3} = 0$$

标价100万日元销售的汽车实际为"不良品"的条件概率 =

$$p(A|\bar{B}) = \frac{p(\bar{B}|A) \times p(A)}{p(\bar{B}|A) \times p(A) + p(\bar{B}|\bar{A}) \times p(\bar{A})} =$$

$$\frac{0 \times 2/3}{0 \times 2/3 + 1 \times 1/3} = 0$$

标价100万日元销售的汽车实际为"不良品"的条件概率 =

$$p(\bar{A}|\bar{B}) = \frac{p(\bar{B}|\bar{A}) \times p(\bar{A})}{p(\bar{B}|A) \times p(A) + p(\bar{B}|\bar{A}) \times p(\bar{A})} =$$

$$\frac{1 \times 1/3}{0 \times 2/3 + 1 \times 1/3} = 1$$

通过计算结果可知，标价160万日元销售的汽车实际为"良品"的概率为1（确实为"良品"），标价100万日元销售的汽车实际为"不良品"的概率为1（确实为"不良品"）。

贝叶斯法则的关键在于，当观察到某信息（比如被摆出来的汽车标价160万日元）之后，基于这个信息"更新"先前关于概率的相关信息（"良品"被摆出来销售的无条件概率为三分之二）。在分离均衡的情况下，"被摆出来的汽车标价为160万日元"的新信息就将汽车确实为"良品"的概率从先前的三分之二更新为1。

接下来让我们再看一看零件成本为零的情况。在这种情况下卖家最初选择的策略如下。

- 汽车是"良品"时：直接摆在店里销售，标价 p=160万日元。
- 汽车是"不良品"时：伪装成良品在店里销售，标价 p=160万日元。

基于这一策略的条件概率如下。

汽车是"良品"的情况下，标价160万日元销售的条件概率 =

$$p(B|A) = 1$$

汽车是"良品"的情况下，标价100万日元销售的条件概率 =

$$p(\bar{B}|A) = 0$$

汽车是"不良品"的情况下，标价160万日元销售的条件概率 =

$$p(B|\bar{A}) = 1$$

汽车是"不良品"的情况下，标价100万日元销售的条件概率 =

$$p(\bar{B}|\bar{A}) = 0$$

经过计算后得出如下结果 [1]。

标价160万日元销售的汽车实际为"良品"的条件概率 =

$$p(A|B) = \frac{p(B|A) \times p(A)}{p(B|A) \times p(A) + p(B|\overline{A}) \times p(\overline{A})} =$$

$$\frac{1 \times 2/3}{1 \times 2/3 + 1 \times 1/3} = 2/3$$

标价160万日元销售的汽车实际为"不良品"的条件概率 =

$$p(\overline{A}|B) = \frac{p(B|\overline{A}) \times p(\overline{A})}{p(B|A) \times p(A) + p(B|\overline{A}) \times p(\overline{A})} =$$

$$\frac{1 \times 1/3}{1 \times 2/3 + 1 \times 1/3} = 1/3$$

在这种情况下，160万日元的标价这个新信息并不能更新关于"良品"和"不良品"概率的信息。换句话说，这个标价不能给买家提供任何新的信息。这也是为什么在本节的案例中买家只能以期待价值对市场上标价160万日元的"良品"进行评估的原因。

像这样各参与者基于贝叶斯法则更新后的各事项发生的概率（被称

---

① 因为在这种情况下不可能出现标价100万日元的情况（概率为0），所以在贝叶斯法则的算式中分母为零。至于卖家万一错误地标出了100万日元的价格，在这种情况下应该如何判断的情况本书不予讨论。

为"信念")计算出的期待收益，在以其他参与者的策略为前提的情况下，只有自己采取不同行动无法使收益增加的状态（与纳什均衡相同）被称为"贝叶斯均衡（或者贝叶斯纳什均衡）"。

贝叶斯均衡与普通的纳什均衡最大的区别在于，纳什均衡中考虑的收益是"确定收益"（确定能够获得的收益），而贝叶斯均衡中考虑的收益只是在不知道"自然（偶然女神）"实际采取什么行动的状态下的期待收益（并不能够确定获得的收益）。

＊ ＊ ＊

此外，在类似于本节介绍的信号博弈这样的序贯非对称信息博弈之中，也可能出现没有可信性的（贝叶斯）均衡问题（参见第2章第1节）。

与序贯对称信息博弈同样，在序贯非对称信息博弈所有的分歧点（博弈树中存在被虚线相连的分歧点的情况下，就是该时间点）之中，（使用基于当前信息更新后概率进行计算）当满足各参与者都选择期待收益最大化策略的情况被称为精炼贝叶斯均衡。满足精炼贝叶斯均衡的策略就具有"可信性"。

＊ ＊ ＊

简单来说，贝叶斯均衡和精炼贝叶斯均衡可以看作是纳什均衡和子博弈精炼均衡概念在非对称信息博弈中的扩展。但正如我们在第2章第1节中看到过的那样，因为子博弈的概念并不适用于非对称信息博弈，所以这只不过是一种推论。

第2节：连续非对称信息博弈与信息操作

要点

对于连续进行非对称信息博弈的参与者来说，有时候通过牺牲眼前的利益，不让其他参与者把握自己的策略对结果更为有利。也就是说，拥有信息的一方可以通过对信息的操控使信号博弈朝有利于自己的方向发展。

案例

一、案例9：阻止新竞争对手加入的博弈

东京市中心某高层建筑的一间办公室内。时间是凌晨三点，窗外灯火阑珊，只有十字路口闪烁的红灯格外醒目。但就在这样一个夜深人静的时刻，中村却还在思索公司今后的经营策略，夜不能寐。

中村是某初创企业 R 公司的经营者。该公司的主要业务是对旧款电脑进行改装，使其拥有和新款电脑相同性能的"个人电脑更新换代业务"，该业务部门的利润占全公司利润总额的百分之五十。最近，有传

言说不少新兴企业都打算进军这一领域，因此中村必须思考该业务部门今后的对策。

* * *

中村在3年前从自己工作了10年之久的某大型电子设备生产企业辞职，和朋友们合伙成立了现在的R公司。R公司成立之初只是一个规模很小的事务所，主营业务就是中村提出的"个人电脑更新换代业务"。这项业务的客户群体包括企业和个人，通过为陈旧的电脑更换主板和CPU等硬件来使电脑获得更加强大的性能。在最开始，只有中村和朋友两名工程师负责从销售到改装的全部业务内容。

随着近年来环保主义的兴盛，个人电脑更新换代业务得到社会的认可，中村的事务所获得了大量的订单，尽管中村为此增加了不少工程师和事务人员，但市场需求今后还有进一步扩大的可能。另一方面，半年前新开展的为企业提供基础网络维护的业务发展迅速，仅用了短短半年的时间利润额就可以和主营的"个人电脑更新换代业务"分庭抗礼。

个人电脑更新换代业务大致可以分为面向企业的法人市场和面向个人的个人市场，两个市场的利润规模基本相同。根据行业内的传言，有不少企业都对这两个市场虎视眈眈，只要一有机会就打算进来分一杯羹。

中村委托市场调查公司进行了调查，调查报告显示，现在R公司在这两个市场每年分别可以获得2000万日元的收益，如果没有其他企业加入竞争的话，R公司就能够继续保持这一收益。

但如果有企业加入竞争的话，R公司有两个选择。

第一个是不惜与新加入的企业开战也要维持这项业务。在这种情况下，因为市场将发生非常惨烈的竞争，所以参与竞争的企业每年都会出现1000万日元的亏损。

第二个是不与新加入的企业竞争，直接退出市场。在这种情况下，新加入的企业将夺取市场并每年获得2000万日元的收益，而R公司的收益为零。

综上所述，当有企业加入竞争的时候，选择直接退出市场就可以避免出现亏损，对R公司来说收益更高。

可能加入竞争的企业分为两种类型。不惜采取一切手段都要加入竞争的"强硬"企业占4成，根据现有企业态度决定是否加入竞争的"软弱"企业占6成。"强硬"企业即便在竞争中每年都会出现1000万日元的亏损也一定会加入竞争，而"软弱"企业则会先搞清楚已经存在于市场之中的R公司究竟属于不惜亏损也要开战的"强硬派"还是为了避免出现亏损而将市场拱手让人的"稳健派"。

* * *

根据目前掌握的信息，O公司计划在今年内进军法人市场，而P公司则计划在明年进军个人市场。

中村预计这两个市场今后都没有更大的成长空间，所以没必要死守不放（在新加入竞争的企业看来属于"稳健派"）。因此，如果O公司加入竞争的话，直接退出市场就能够避免出现1000万日元的亏损。

但这么轻易就缴械投降真的是明智之举吗。一旦R公司宣布退出市场，也就意味着对明年即将加入竞争的P公司宣布自己是"稳健派"。而如果R公司装成"强硬派"与O公司开战，或许能够防止P公司加入竞争（当然如果P公司属于"强硬"类型的话，这种威胁是没有用的）。

* * *

R公司究竟应该尽早退出市场，还是应该不惜亏损也要与O公司开战。究竟应该以什么为基准选择策略呢——中村思索了半天也没有找出答案。而窗外的天边则微微泛起了鱼肚白。

理论

在上一节中我们对各参与者只采取一次行动的"信号博弈"（以案例8为例就是买卖双方都只采取一次行动）进行了分析，但在现实生活中，类似这样的博弈往往会连续重复多次（甚至无限持续）。因此在本节之中，让我们一起思考一下当非对称信息博弈连续重复时会发生哪些变化。

任何一家企业都会竭尽全力保护自己的市场份额。比如多媒体相关产业和移动通信市场等具有高成长性的市场，许多企业都争先恐后地涌入这些市场，通过提供更高品质的商品和服务来进行竞争，意图确立自身在市场中的地位。名不见经传的小企业横空出世，在极短的时间内赚取庞大的收益，短短几年后又被其他企业收购的情况屡见不鲜。在互联网市场之中网景（Netscape）被微软（Microsoft）取代的事例想必很多人还记忆犹新吧。

在更新换代十分频繁的市场之中，现有企业会想尽一切办法阻止新的竞争对手加入，一旦真的有新企业加入竞争，双方就会展开你死我活的激烈竞争。本节的案例9"阻止新竞争对手加入的博弈"就是根据这一情况整理出的博弈模型。

在本节的案例之中存在两种参与者。一种是已经垄断市场的现有企业（R公司），另一种是企图进入市场的新企业（O公司和P公司）。而新企业又分为"强硬"和"软弱"两种类型，概率分别为0.4和0.6，由"自然（偶然女神）"随机选择。

现有企业垄断多个市场，不同时期都有不同的新企业企图进入各个市场（同一家企业不会两次进入）。现有企业分为"强硬派"和"稳健派"两种类型，概率分别为 p 和1-p，由"自然（偶然女神）"随机选择。新企业也掌握上述信息。

各参与者都知道自己属于哪种类型，但事先并不知道对方属于哪种类型。

这个博弈首先从新企业是否决定加入开始。在博弈开始之后，各参与者的收益根据新企业是否加入市场以及各参与者属于哪种类型发生改变。

（一）现有企业

新企业不加入的情况：获得2000万日元的收益。

新企业加入的情况：根据类型决定是否开战。

"强硬派"现有企业：开战并陷入价格竞争，出现1000万日元的亏损。

"稳健派"现有企业：不开战并退出市场，收益为零（盈亏平衡）。

（二）新企业："强硬"类型

不管出现什么情况都会加入市场。

（三）新企业："软弱"类型

不加入市场：收益为零（盈亏平衡）。

加入市场：受现有企业类型的影响。

现有企业属于"强硬派"：开战并陷入价格竞争，出现1000万日元的亏损。

现有企业属于"稳健派"：从对方手中夺得市场，获得2000万日元的收益。

二、只进行一次博弈的情况及其策略

这个博弈只进行一次时的博弈树如图表3-4所示（N代表"自然"，E代表"新企业"，R代表"现有企业R公司"）。

其中现有企业属于"强硬派"的概率（无条件概率）为"p"（因此

属于"稳健派"的概率为1-p），新企业属于"强硬"类型的无条件概率
为四成（0.4），属于"软弱"类型的无条件概率为六成（0.6）。

对于现有企业（R）的角度来说，因为"强硬派"不管收益如何永
远选择开战，所以我们先考虑"稳健派"的情况。假设这个博弈只进行
一次，那么"稳健派"永远选择"不开战"。因为不开战情况下的收益（0
日元）比开战情况下的收益（-1000万日元）更高。换句话说，"不开战"
与"开战"相比属于占优策略。

图表 3-4 现有企业与新企业的加入市场博弈

收益单位为1000万日元，括号内收益顺序为（现有企业，新企业）

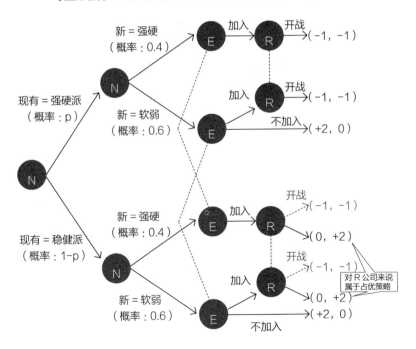

对于新企业（E）来说，因为"强硬"类型不管收益如何永远选择加入市场，所以我们先考虑"软弱"类型的情况。如果加入竞争时遇到"强硬派"的现有企业，那么必将开战，收益为 −1000万日元。而遇到"稳健派"的话就不必竞争，可以获得 +2000万日元的收益。因此，新企业加入市场的期待收益如下。

加入市场的期待收益 =

（现有企业是"强硬派"的概率）×（−1000）+

（现有企业是"稳健派"的概率）×（+2000）=

$p \times (-1000) + (1-p) \times (+2000) =$

$2000 - 3000p$

如果新企业不加入市场，那么实际收益为零（盈亏平衡），所以"软弱"类型的新企业只有在期待收益（2000−3000p）> 0，也就是 $p < 2/3$ 的时候才会加入市场。

对于新企业来说，如果遇到"强硬派"的概率更高（大于2/3）的话，那么贸然加入市场就会出现1000万日元的亏损，与之相比不加入市场更好，如果遇到"稳健派"的概率更高（遇到"强硬派"的概率小于2/3）的话，那么大胆加入市场赌一把赚取2000万日元收益是更好的选择。

三、重复两次博弈的情况及其策略

本节的案例中，现有企业 R 公司先后在法人市场和个人市场面对 O 公司和 P 公司的竞争威胁，也就是说 R 公司要和两个不同的对手进行两次类似的博弈。在这种情况下，R 公司在 O 公司加入市场时采取的行动会作为新信息提供给 P 公司。

因为各参与者都知道"强硬派"会永远对新企业开战，所以如果 R 公司在第一次博弈中选择了"不开战"，那么就等于在告诉下一个企图加入的新企业自己是"稳健派"。而一旦自己是"稳健派"的信息被新企业知晓，那么在第二次博弈中，"不开战"也是占优策略。

也就是说，如果 R 公司在第一次博弈中选择"不开战"，那么看到"R 公司没有与 O 公司开战"这一事实的 P 公司即便属于"软弱"类型，也一样会放心大胆地加入市场。

反之，如果本来属于"稳健派"的 R 公司为了防止在第二次博弈中新企业无条件选择加入市场，可能会在第一次博弈中大胆地装成"强硬派"。对于"稳健派"来说，第一次的博弈必须在"和新加入的企业开战"与"不开战，将自己是'稳健派'的事实公之于众"这两个选择之中任选其一。对于 R 公司来说，当然应该对这两个选择的期待收益进行比较之后选择更有利的一方。

第一次博弈时装成"强硬派"情况下的期待收益

　　本来属于"稳健派"的现有企业，在第一次博弈时选择"开战"伪装成"强硬派"的情况下，必须承担1000万日元的亏损。在此基础上如果第二次博弈时遇到"强硬"类型的企业，那么对方不管你第一次选择什么都会加入市场展开竞争。在这种情况下，"稳健派"就只能选择绝对优势策略"不开战"，第二次博弈的收益为零。也就是说，无法通过第二次博弈弥补第一次博弈的损失。

　　但是，如果第二次博弈遇到"软弱"类型的企业又将如何呢？因为"稳健派"现有企业在第一次博弈时将自己伪装成了"强硬派"，那么关于现有企业究竟属于哪种类型的信息就没有得到更新。也就是说，现有企业属于"强硬派"或"稳健派"的概率仍然是 p 和1-p。在这种情况下，新企业和第一次博弈时一样，如果概率 p 大于2/3就不加入市场，反之则加入市场。

　　这也就意味着，现有企业事先表现出自己是"强硬派"的概率越高，那么"软弱"类型的新企业加入市场的可能性就越低，反之则越高。

四、新企业表现出"强硬派"概率较高的情况（p ≥2/3的情况）

　　具体来说，先考虑 p 的值在2/3以上的情况（"强硬派"的概率较高）。在这种情况下，如果第一次博弈时的新企业属于"软弱"类型，那么遇到"强硬派"现有企业被迫开战的概率很高，所以应该选择期待收益更高的"不加入市场"。反之，如果第一次博弈时的新企业属于"强硬"类型，那么"稳健派"的现有企业有两个选择。

（一）选择"不开战"

将自己是"稳健派"的事实公之于众，第二次博弈时不管新企业是"强硬"还是"软弱"都只能选择"不开战"，将市场拱手让人。结果第二次博弈的期待收益为零（盈亏平衡）。

（二）选择"开战"

第一次博弈时装成"强硬派"损失1000万日元，第二次博弈时"软弱"类型的企业就不敢加入市场。也就是说，如果第二次博弈时遇到"软弱"类型的企业就可以继续垄断市场获得2000万日元的收益。

以第一次博弈时遇到"强硬"类型的新企业为前提，将上述两个策略在两次博弈中的合计期待收益进行一下比较。

第一次博弈选择"不开战"时的期待收益 =
（第一次博弈新企业加入市场时选择"不开战"的收益）+
（第二次博弈时两种类型的新企业加入市场时选择"不开战"的收益）=
0+0=0

第一次博弈选择"开战"时的期待收益 =

（第一次博弈时选择"开战"时的收益）+

（第二次博弈时新企业属于"强硬"的概率）×

（新企业加入市场，自身选择不开战时的收益）+

（第二次博弈时新企业属于"软弱"的概率）×

（新企业不敢加入市场时的收益）=

（-1000）+0.4×0+0.6×（+2000）=

200（万日元）

将上述两个策略进行比较之后不难看出，在这种情况下对于"稳健派"的现有企业来说，"第一次博弈选择开战，第二次博弈选择不开战"的策略能够获得更高的期待收益。

五、新企业表现出"强硬派"概率较低的情况（p＜2/3的情况）

如果概率 p 在2/3以下（"强硬派"的概率较低），那么情况就变得更加复杂。我们可以分为只允许选择纯策略和允许选择混合策略（参见第1章第3节）这两种情况来进行分析。从结论上来说，选择混合策略能够使"稳健派"的现有企业获得更高的收益。

（一）选择纯策略的情况

在这种情况下，现有企业只能从"开战"和"不开战"之中二选一，而第二次博弈的新企业只能从"加入市场"和"不加入市场"之中二选一。如果概率 p 在2/3以下，那么第二次博弈时不管新企业的类型属于"强硬"还是"软弱"都会选择加入市场，因此对现有企业来说，没必要在第一次博弈中选择"开战"。也就是说，现有企业在两次博弈中都会选择"不开战"，收益都是盈亏平衡，合计收益为零。

（二）选择混合策略的情况

但如果"稳健派"现有企业在第一次博弈中通过混合策略随机化选择"开战"或"不开战"，那么最终将能够获得比选择纯策略时（收益为零）更高的合计期待收益。

假设现有企业属于"强硬派"的无条件概率为 p=0.5（小于2/3）。那么"稳健派"现有企业在第一次博弈中就能够选择"以0.5的概率随机选择'开战'或'不开战'"的混合策略（参考本节末的专栏）。比如在第一次博弈中有新企业加入市场的情况下，现有企业通过抛硬币决定策略，如果出现正面就"开战"如果出现反面就"不开战"。

在这种情况下，如果第一次博弈中的新企业属于"软弱"类型，那么在考虑现有企业选择"开战"的概率时，除了"强硬派"现有企业必将选择"开战"之外，还要考虑"稳健派"现有企业抛硬币选择"开战"的可能性。

也就是说,在"软弱"类型的新企业加入市场时,现有企业选择"开战"的概率如下所示。

现有企业选择"开战"的概率 =

(现有企业属于"强硬派"的概率)+

(现有企业虽然属于"稳健派"

但因为抛硬币出现正面所以选择"开战"的概率)=

0.5+0.5×0.5("稳健派"的概率0.5乘以

硬币出现正面的概率0.5)=0.75

因此,第一次博弈中新企业属于"软弱"类型的情况下,其加入市场的期待收益如下所示。

第一次博弈中"软弱"类型的新企业加入市场时的期待收益 =

(现有企业选择"开战"的概率)×

(现有企业选择"开战"时新企业的收益)+

(现有企业选择"不开战"的概率)×

(现有企业选择"不开战"时新企业的收益)=

0.75×(-1000)+(1-0.75)×2000=

-250<0

综上所述，在第一次博弈时新企业属于"软弱"类型的情况下，"加入市场"时的期待收益为 -250万日元，比选择"不加入市场"时的收益为零（盈亏平衡）更低。因此新企业会选择"不加入"。"稳健派"则通过采取"混合策略"成功地阻止了第一次博弈中"软弱"类型企业的加入[①]。

在"稳健派"现有企业于第一次博弈中选择混合策略的情况下，期待收益为1000万日元，与在第一次博弈中不管新企业属于"强硬"还是"软弱"类型都选择"不开战"的情况相比，期待收益更高。

"稳健派"现有企业第一次博弈的期待收益 =

（第一次博弈时新企业为"强硬"类型的概率）×

[（硬币扔出正面的概率）×

（新企业加入时选择开战的收益）+（硬币扔出反面的概率）×

（新企业加入时选择不开战的收益）] +

（第一次博弈时新企业为"软弱"类型的概率）×

（新企业不加入时的收益）=

$0.4 \times [0.5 \times (-1000) + 0.5 \times 0] + 0.6 \times (+2000) =$

1000（万日元）

---

① "软弱"类型的新企业之所以不敢加入市场，是因为害怕"稳健派"在扔出硬币正面后宁愿亏损也敢于选择"开战"，所以"稳健派"不能为了减少损失而一味地选择"不开战"。这样的话新企业会更加频繁地选择"加入市场"，导致此混合均衡策略失效。

六、在非对称信息博弈连续重复的情况下，信息操作策略十分有效

连续进行的非对称信息博弈与单次博弈之间最大的区别在于，参与者会不惜牺牲眼前的利益，也要采取隐瞒自己真实身份（在这个案例中就是"稳健派"这个类型）的策略，而这种策略往往对最终的结果是有利的。

在上一节的信号博弈中我们了解到，没有信息的参与者可以根据拥有信息的参与者采取的行动来猜测其拥有的信息内容。与此同时，拥有信息的参与者也可以通过信息操作使博弈朝有利于自己的方向发展。

"稳健派"现有企业可以经常（$p \geqslant 2/3$）或者基于某种偶然的规则（混合策略：$p=0.5$）采取将自己伪装成"强硬派"的策略，减少"软弱"类型的新企业选择"加入市场"时的期待收益，从而实现"阻止加入"的目的。

在这个博弈之中，因为现有企业可以通过阻止新企业加入市场而获得较大的收益，因此采用信息操作策略比从一开始就宣布自己是"稳健派"能够获得更多的期待收益。

信息操作策略的价值将随着博弈重复的次数而不断提升。即便在最后一次博弈中，"稳健派"基于占优策略表明了自己的真实身份（在最后一次博弈中"稳健派"现有企业一定会选择"不开战"），但在整个过程中，现有企业通过伪装成"强硬派"阻止"软弱"类型的企业加入所

获得的收益会随着博弈次数的增加呈正比提升。

如果现有企业今后不得不面对三家新企业的竞争威胁，p=8/27≈0.297也就是现有企业属于"强硬派"的概率只有三成的情况下，"稳健派"现有企业仍然可以通过混合策略在第一次博弈中阻止新企业加入，从而使自身在博弈中获得更加有利的结果。而且在博弈重复次数增加的情况下，阻止新企业加入市场所需的最低限度 p（如果没有最低限度 p 概率的"强硬派"存在，信息操作策略就无法发挥作用）也会变得更小。

＊＊＊

正如本节中说明过的那样，即便在单次博弈中面对"强硬"类型的新企业选择表明身份（自己是"稳健派"）的现有企业，当博弈重复进行时选择隐瞒身份会更加有利。考虑到实际的商务活动大多是连续的非对称信息博弈，因此本节内容将给实际的商务活动带来非常大的帮助。

事实上，现有的垄断企业可以采取降低价格，牺牲短期利益等手段，最大程度降低新企业加入市场竞争的动机，采取守护自身市场的策略（限定价格策略）。发出明确的信号表明"如果有新企业加入市场，自己将彻底下调价格开战"，这样能够有效地阻止新企业加入市场。

微软就非常擅长这个策略。所有在市场中处于垄断地位的企业为了使自己看起来像是一个"强硬的竞争对手"，往往会在有新企业加入市场时不惜一切代价将对手赶出去。这样一来，害怕遭到攻击的企业都会放弃加入市场，转而采取与对方合作的策略。

在本节介绍的连续非对称信息博弈之中，对拥有信息的参与者（企业和个人）来说，信息是非常宝贵的资源，思考如何充分利用自己拥有的信息，使博弈朝有利于自身的方向发展尤为重要。在本节案例中，现有企业通过采取隐瞒自己真实身份的策略能够获得更多的收益，至少对拥有信息的参与者来说，诚实不总是最好的选择。

专栏："稳健派"企业面对第一次新竞争对手加入的时候，50% 概率"战斗"与"不战斗"随机化的情况

在第一次博弈中，"稳健派"现有企业通过混合策略随机化选择"开战"的概率必为 $\dfrac{p}{2(1-p)}$（证明过程参见 *Fudenberg and Tirole*）。因此，在 $p < \dfrac{4}{9}$ 的情况下，即便采取这种混合策略也无法在第一次博弈中使"软弱"类型新企业选择加入市场时的期待收益降低到0以下，所以无法阻止其加入市场。将这个博弈中的 p 值与各参与者所选策略之间的关系整理之后如下表所示。

现有企业是"强硬派"的概率		$p \geq \dfrac{2}{3}$	$\dfrac{4}{9} \leq p < \dfrac{2}{3}$	$p < \dfrac{4}{9}$
第一次博弈	"软弱"新企业的策略	不加入	不加入	加入
	"稳健派"现有企业的对抗策略	开战	混合策略	不开战
第二次博弈	"软弱"新企业的策略	不加入	混合策略	加入
	"稳健派"现有企业的对抗策略	不开战	不开战	不开战

比如在p=$\frac{4}{9}$的情况下，混合策略"开战"的概率为：

$$\frac{\frac{4}{9}}{2\left(1-\frac{4}{9}\right)}=0.4$$

现有企业选择"开战"的概率合计为：

$$\frac{4}{9}+\frac{5}{9}\times0.4=\frac{2}{3}$$

第一次博弈时"软弱"类型新企业加入市场获得的期待收益为：

$$\frac{2}{3}\times\left(-1000\right)+\left(1-\frac{2}{3}\right)\times2000=0$$

由此可见，当 p<$\frac{4}{9}$的时候，即便采用混合策略也无法在第一次博弈时阻止"软弱"类型的新企业加入市场。

第3节：委托人与代理人的博弈和道德风险

委托人与代理人的博弈，主要分析委托人如何让代理人按照自己的想法进行工作，以及代理人如何获得与自己付出的努力和取得的成果相当的回报。在分析过程中，必须搞清楚激励相容约束、参与约束以及提出合同条件这三个步骤。

如果委托人认为代理人所取得的成果之中存在不确定的因素，那么其中很有可能存在代理人采取了违背委托人意图行动的"道德风险"。针对这一问题，可以从收益和信息两个角度出发进行解决。

案 例

一、案例10：与制作公司的委托合同

某县广播公司 FM-X 编辑室的副室长木村正在思考下一期深夜广播节目的企划和预算。

木村打算在每周日凌晨一点增设一个时长为一小时、专门面向年轻听众介绍海外最新流行音乐资讯的暑期特别广播节目，名字暂定为"仲夏夜之梦"。FM-X一直以来都以日本的本土音乐为中心制作节目。虽然在以录音为基础播放的深夜节目之中也有涉及海外音乐的节目，但大多都是委托其他音乐制作公司制作的，或者由母公司FM网络广播电视台配送下来的。

　　这次是FM-X第一次自己制作海外流行音乐节目，从人才和经验方面考虑，全靠自己制作有点困难。于是木村决定还是委托东京的音乐制作公司来进行制作。在对制作公司提供的诸多企划进行分析之后，木村最终选择了东京某专门制作音乐广播节目的Z制作公司。

＊ ＊ ＊

　　Z制作公司提供了两份企划。一个是由Z公司派人亲自前往伦敦和纽约，采集当地最热门的音乐素材，并以此为中心选择曲目。这项企划包括差旅费和委托当地版权公司的调查费用等，预计需要2000万日元。另一个企划则成本很低，就是用Z公司自己的数据来制作节目。在这种情况下因为不用出差到海外，只需要根据Z公司自己的音乐库和网络上的资料来选择曲目，所以只需要400万日元的制作费就能搞定。

　　因为这是一档深夜节目，所以FM-X认为只要收听率比当地的平均收听率高1%就算成功，而低于平均值则看作失败。FM-X和广告赞助商之间签订的是根据收听率决定广告费的合同。在公布收听率结果的时间点，如果最终结果比平均值高1%，那么FM-X将获得5000万日元的广告收入，否则的话只能获得1000万日元的广告收入。

上述两个企划都是对话较少的音乐节目，乍听起来分辨不出优劣，但Z公司的负责人根据自己的经验声称两者之间的收听率确实存在差距。Z公司过去的数据显示，投入较高制作经费的节目收听率有九成的可能超过平均值1%，而只花费较少制作经费的节目的收听率超过平均值1%的可能性只有一成（假设这个数据是准确无误的）。

木村仔细地思考应该与Z公司签订怎样的委托合同。FM-X向Z公司提出合同之后，如果对方接受就意味着合同生效（考虑到时间关系，无法进行更进一步的交涉）。虽然木村希望尽可能地提高收听率，但同时也想避免投入太多的制作经费导致出现赤字。从木村的角度出发，他希望能够与Z公司签订"根据节目的收听率结果决定经费"的合同。那么，究竟应该在合同上提出哪些条件，才能让Z公司按照FM-X的意图制作节目呢？

* * *

此外，这个企划还没有最终决定，木村拥有最终否决权。在这种情况下，FM-X的广告收入为零，Z公司的报酬也为零。而如果Z公司不接受FM-X提出的合同条件，那么FM-X因为没有节目可以播出所以广告收入为零，Z公司也得不到任何报酬。

FM-X 不知道 Z 公司实际上采用的是哪种制作方法，只能通过实际的收听率来进行推测。

前文中，我为大家介绍了许多对博弈论进行分析时必不可少的基本工具。从最基础的"对称信息单阶段同时博弈"逐渐扩展到范围更加广阔的"序贯博弈""重复博弈""非对称信息博弈"，我们掌握了一定数量的分析工具，通过将这些工具组合到一起，我们就能够对更加复杂的博弈进行分析。在本节之中，我们将通过"委托人与代理人之间的博弈"来思考更接近商业活动现场的情况。

工作内容愈发复杂化的当今社会，将工作委托给专业人士去做的情况可以说十分常见。而在委托人和代理人之间必然会出现博弈关系。因为委托人希望代理人能够以最小的成本取得最大的成果，而代理人希望能够花费最少的时间和精力满足委托人的要求。

委托人与代理人的博弈是博弈论中非常重要的概念之一。在参与者之间信息不对称的情况下，这一理论将发挥非常重要的作用。在委托人无法准确掌握代理人工作完成度的情况下，如何让代理人按照委托人的要求完成工作？"委托人与代理人博弈"模型将告诉我们答案。

二、委托人与代理人博弈的核心

在委托人只能通过代理人工作的结果来判断其工作状态的情况下，代理人实际的工作内容和结果之间不一定有必然的联系，这个时候就需要注意道德风险[①]问题。认真工作的代理人有时候会因为成果不尽如人意而得不到准确的评价，反之，不认真工作的代理人却可能因为偶尔取得圆满的成果而大受好评。这很有可能使代理人更倾向于选择"不认真工作"。这种状况被称为"潜藏道德风险状况"。

在存在道德风险的情况下，"应该给代理人怎样的激励，或者在代理人不认真工作时应该给予哪些惩罚"就是非常重要的问题。

这也是委托人与代理人博弈的核心问题。本节就将针对在商业活动的现场频繁出现的代理合同和合同条件等问题进行分析。

本节的案例10属于非对称信息博弈，为了便于大家理解基本的模型，我们首先按照如下的步骤来进行分析。

[①]"道德风险"原本是保险领域的术语。指的是被保险者购买保险后就失去了规避风险的动力。比如以前有专门针对违章停车导致的罚款给予补偿的汽车损失险，购买了这项保险的人（与没购买该保险的人相比）在路上停车就比较随意（事实上，因为购买该保险的人频繁出现违章停车的行为，该保险开始销售不久便被叫停了）。此外之前被媒体炒得沸沸扬扬的金融机构破产保护也属于存在"道德风险"的例子，如果金融机构在宣告破产时政府就会出资救济，那么金融机构就会失去负责任努力经营的动力。

STEP1：对称信息的委托人与代理人博弈。

首先我们将案例10的内容简化，换成对称信息的情况。也就是说，以投入较高的制作经费就一定能够提高收听率为前提进行思考。

STEP2：非对称信息的委托人与代理人博弈。

加入信息非对称这一条件，对博弈将发生哪些改变进行说明。

STEP3：解决委托人和代理人利害关系对立的办法。

思考在非对称信息的委托人与代理人博弈之中，如何解决参与者之间利害关系的对立。

在案例10中，参与者有两个。

委托人（图中以 P 表示）是 FM-X（以下简称 FM 公司）。

代理人（图中以 A 表示）是 Z 公司（以下简称制作公司）。

此外，为了使模型具有泛用性，我们首先用变量来进行说明，然后再代入案例10中的数字进行思考。

三、STEP1：对称信息的委托人与代理人博弈

首先由 FM 公司决定是否提出合同，如果提出的话就由制作公司决定是否接受合同。如果制作公司拒绝接受，那么 FM 公司就要放弃这个

深夜节目，无法获得广告收入。当然，制作公司也无法获得报酬。

在制作公司接受合同的情况下，就必须从投入较多制作经费（金额为 H）和投入较少制作经费（金额为 L）的两个选项中选择一个（H > L）。选择前者的话，节目一定能够获得较高的收听率（此状态用 h 表示），FM 公司能够获得较高的广告收入 R（h）。选择后者的话，节目一定不能获得较高的收听率（此状态用 l 表示），FM 公司只能获得较低的广告收入 R（l）。

在对称信息博弈中，制作公司的制作经费和 FM 公司的收听率可以看作是完全一对一的关系。也就是说，制作公司投入较多制作经费（H）的话 FM 公司就能够获得较高的收听率（h）和较高的广告收入 R（h）。反之，制作公司投入较少的制作经费（L）的话 FM 公司只能获得较低的收听率（l）和较少的广告收入 R（l）。因此，FM 公司可以从收听率上判断出制作公司究竟投入了多少制作经费。

FM 公司提出的合同如下所示。

• 收听率较高的情况下，FM 公司向制作公司支付报酬 P（h）。
• 收听率较低的情况下，FM 公司向制作公司支付报酬 P（l）。

那么制作公司的收益就是用从 FM 公司获得的报酬减去投入的制作经费 P（h）–H，或者 P（l）–L。而 FM 公司的收益则是广告收入减去给制作公司的报酬 R（h）-P（h），或者 R（l）-P（l）。双方参与者都追求自身收益最大化。将上述内容整理成博弈树如图表3-5所示。

图表 3-5 对称信息的委托人与代理人博弈

收益顺序为 P 的收益，A 的收益

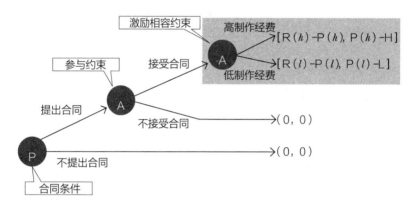

首先让我们思考"FM 公司提出合同；制作公司接受合同；制作公司以高制作经费进行制作"这一合同成立的条件。上述内容整理如下。

- 委托人向代理人提出合同的条件：提出合同的条件。
- 代理人接受合同的条件：参与约束。
- 代理人投入较高制作经费的条件：激励相容约束。

因为此博弈属于对称信息序贯博弈，因此可以使用第2章中介绍过的逆向归纳法，从最后一个子博弈开始进行逆向分析，找出子博弈精炼均衡。为了便于理解，我们按照从后往前的顺序对上述条件进行思考。

（一）代理人投入较高制作经费的条件：激励相容约束

在图表3-5的子博弈中，制作公司究竟是投入较高制作经费还是较少制作经费，完全由最终收益的多少决定。也就是说，如果FM公司希望制作公司投入较高的制作经费，那么就必须满足以下条件。在本节中，不考虑两者相等的情况。

$$P(h) - H > P(l) - L$$

也就是：

$$P(h) > P(l) + H - L$$

如果FM公司给出的报酬金额不满足以上条件，那么制作公司就没有投入较高制作经费的动机。像这种让代理人按照委托人意愿采取行动的条件被称为激励相容约束（以下简称IC约束）。IC约束是避免出现道德风险的必要条件。

通过IC约束我们可以得到一个启发。那就是要想让制作公司投入较多的制作经费，那就必须让投入较多制作经费获得的报酬额大于投入较少经费时获得的报酬额。

如果 P（h）=P（l），H 比 L 更大（也就是 H-L > 0），那么就无法满足 IC 约束的条件。不管投入较高制作经费还是投入较低制作经费都获得一样的报酬额，那么谁还会特意去投入较高的制作经费呢。

（二）代理人接受合同的条件：参与约束

FM 公司给出满足 IC 约束的条件之后，制作公司就必须思考接受合同的条件。在这个时候，制作公司一定会将接受合同并投入较高制作经费制作所获得的收益与拒绝合同时所获得的收益（零）进行比较，然后才决定是否接受合同（图表3-6）。

图表 3-6 代理人接受合同的条件（参与约束）

满足 IC 约束时的博弈树

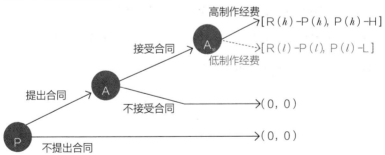

因此算式变为如下所示：

$$P(h) - H > 0$$

也就是：

$$P(h) > H$$

像这样在委托人和代理人满足 IC 约束的情况下（代理人有投入较高制作经费的动机），决定代理人是否接受为合同的条件被称为参与约束。

（三）委托人向代理人提出合同的条件：提出合同的条件

那么，FM 公司在满足上述两个条件之时，提出的条件又是什么呢？在这个时候需要对 FM 公司（委托人）提出合同和不提出合同时的收益进行比较。因此"提出合同的条件"如下所示：

$$R(h) - P(h) > 0$$

也就是：

$$R(h) > P(h)$$

如果上述三个条件全部满足的话，那么子博弈精炼均衡就宣告成立，就会出现"FM公司提出合同；制作公司接受合同；制作公司以高制作经费进行制作"的状况。

（四）将案例10的数字代入

接下来让我们带入具体的数字。在案例10之中，FM公司在高收听率和低收听率时的广告收入分别是5000万日元和1000万日元。制作公司的高制作经费和低制作经费分别是2000万日元和400万日元。以下算式的单位为100万日元。

根据上述条件，代入数值后的结果如下所示。

$$P(h) > P(l) + 16 \ (\text{IC 约束})$$

$$P(h) > 20 \ (\text{参与约束})$$

$$P(h) < 50 \ (\text{FM 公司提出合同的条件})$$

将满足上述3个条件的 $P(h)$ 和 $P(l)$ 组合到一起，就是图表3-7中的阴影部分。

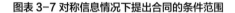

图表 3-7 对称信息情况下提出合同的条件范围

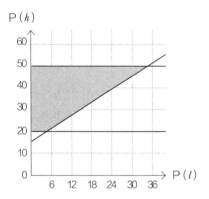

满足这一条件的数值在上图阴影范围内存在无数个，但对于 FM 公司来说，给制作公司的报酬越少越好。

因此，如果制作方面的收益在100万日元左右就足够的话，那么 FM 公司的合同条件很有可能是在低收听率（低制作经费）时支付的报酬为零（无报酬），在高收听率（高制作经费）时支付的报酬为2100万日元。在这种情况下，FM 公司方面的收益为2900万日元（=50-21），制作公司方面的收益为100万日元（=21-20）。

四、STEP2：非对称信息的委托人与代理人博弈

这次让我们考虑一下非对称信息的情况，也就是 FM 公司不知道制

作公司在制作过程中投入的制作经费究竟是高还是低。

在这种情况下，制作公司投入的制作经费和 FM 公司的收听率（以及广告收入）之间的关系存在不确定因素。也就是说，即便制作公司投入较高的制作经费也不能够保证提高收听率，反之就算投入较少的制作经费也有可能提高收听率。在本节案例中两种情况的具体概率如下所示。

（一）制作公司投入较高制作经费的情况

• 取得高收听率的概率为9/10（0.9）。FM 公司能够获得较高的广告收入。

• 取得低收听率的概率为1/10（0.1）。FM 公司只能获得较低的广告收入。

（二）制作公司投入较低制作经费的情况

• 取得高收听率的概率为1/10（0.1）。FM 公司能够获得较高的广告收入。

• 取得低收听率的概率为9/10（0.9）。FM 公司只能获得较低的广告收入。

FM 公司还是按照之前的方法，根据收听率决定给制作公司的报酬。如果高收听率获得较高的广告收入 R（h）的话，那么就支付较高的报酬 P（h），但如果低收听率只能获得较低的广告收入 R（l）的话，那么就支付较低的报酬 P（l）。

在这种情况下，如果制作公司投入较高的制作经费却运气不好，碰巧以一成的概率出现低收听率，那么就只能得到较低的报酬，收益就是 P（l）−H。反之，如果制作公司投入较低的制作经费却运气很好碰巧以1成的概率出现高收听率，那么就能够获得较高的报酬，收益就是 P（h）−L。

用博弈树来表现这个博弈时，只需要在代理人决定选择高制作经费还是低制作经费之后由"自然"（N）来决定收听率即可（图表3-8）。

图表 3-8 非对称信息委托人和代理人的博弈

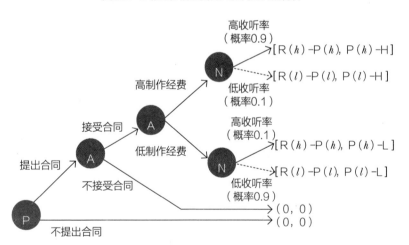

188

（三）将案例10的数字代入思考3个条件

在非对称信息的委托人和代理人博弈中，也可以和STEP1对称信息时一样，通过逆向归纳法来导入各种制约条件。说明仍然按照从后往前的顺序进行。和STEP1同样，FM公司在高收听率（h）和低收听率（l）时的广告收入R（h）和R（l）分别为5000万日元和1000万日元。制作公司的高制作经费（H）和低制作经费（L）分别为2000万日元和400万日元。以下算式的单位为100万日元。

但这次制作经费与收听率（以及报酬）之间的关系存在不确定因素，所以不能使用确定收益，只能使用期待收益。各参与者都希望自己能够获得最大的期待收益。

（四）IC 约束

首先和STEP1一样，先考虑 IC 约束。身为代理人的制作公司在投入较高制作经费和较低制作经费时的期待收益分别可以通过以下方法计算出来。

投入较高制作经费时代理人的期待收益 =

（高收听率时代理人的收益）×（投入高制作经费时高收听率的概率）+

（低收听率时代理人的收益）×（投入高制作经费时低收听率的概率）=

$$[P（h）-20]×0.9+[P（l）-20]×0.1=$$

$$0.9P（h）+0.1P（l）-20$$

投入较低制作经费时代理人的期待收益 =

（高收听率时代理人的收益）×

（投入低制作经费时高收听率的概率）+

（低收听率时代理人的收益）×

（投入低制作经费时低收听率的概率）=

$[P(h)-4] \times 0.1 + [P(l)-4] \times 0.9 =$

$0.1P(h) + 0.9P(l) - 4$

因为制作公司会将上述两个期待收益进行对比，并且选择期待收益
更高的行动，所以要想让制作公司愿意投入较高的制作经费，就必须满
足以下条件。

（投入较高制作经费时代理人的期待收益）>

（投入较低制作经费时代理人的期待收益）

也就是：

$0.9P(h) + 0.1P(l) - 20 > 0.1P(h) + 0.9P(l) - 4$

计算后可得：

$P(h) > P(l) + 20$ （IC 约束）……①

（五）参与约束

接下来再思考一下制作公司接受合同的条件。因为不接受合同的话制作公司的收益为零，所以只有在投入较高制作经费时的期待收益大于零的情况下制作公司才会接受合同。

（接受合同并投入高制作经费时代理人的期待收益）＞
（不接受合同时代理人的收益）

也就是：

$$0.9P(h)+0.1P(l)-20>0$$

计算后可得：

$$P(h)>-\frac{1}{9}P(l)+\frac{200}{9} \qquad （参与约束）\cdots\cdots②$$

（六）提出合同的条件

最后思考一下 FM 公司提出合同的条件。FM 公司只有在 IC 约束、参与约束的情况下期待收益比不提出合同的收益（0）更大的情况下才会提出合同。因此委托人 FM 公司的期待收益可以通过以下的算式计算出来。

制作公司接受合同并且投入较高制作经费时委托人的期待收益＝

（高收听率时委托人的收益）×

（投入高制作经费时高收听率的概率）＋

（低收听率时委托人的收益）×

（投入高制作经费时低收听率的概率）＝

$[50-P(h)]×0.9+[10-P(l)]×0.1=$

$46-0.9P(h)-0.1P(l)$

整理后可得 FM 公司提出合同的条件为：

$$46-0.9P(h)-0.1P(l)>0$$

计算后可得：

$$P(h)<-\frac{1}{9}P(l)+\frac{460}{9}\qquad（提出合同的条件）……③$$

满足上述三个条件的领域就是图表3-9中的阴影区域。

图表 3-9 非对称信息情况下可能提出合同的范围

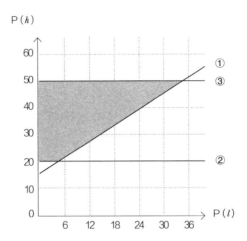

五、STEP3：针对委托人与代理人之间利益矛盾的解决办法

在非对称信息的情况下，因为 FM 公司无法知道制作公司投入了多少制作经费，所以委托人和代理人之间就会出现利益冲突。对代理人来说，即便投入较高的制作经费也存在收听率较低、报酬较少的可能性，而投入较少的制作经费也存在收听率较高、报酬较多的可能性。那么与对称信息的情况相比，制作公司就存在"弄虚作假投入较少制作经费"的动机，也就是出现道德风险的可能性更大。

要想防止出现上述问题，在非对称信息的情况下委托人必须让高收听率时支付的报酬与低收听率时支付的报酬的差额比对称信息时的差额更大。

前文中提到的在对称信息的状态下，低收听率（低制作经费）时报酬为零（无报酬），高收听率（高制作经费）时的报酬为2100万日元的合同内容，在非对称信息的状态下不足以给制作公司足够的动机去投入较高的制作经费。正如图表3-9所示，这一条件并不在图中的阴影区域内，所以制作公司只会投入较少的制作经费来弄虚作假。

因此，FM公司必须将获得高收听率时的报酬提高到2300万日元以上。在这种情况下，FM公司的期待收益为2530万日元，即$0.9 \times$（50-23）$+0.1 \times$（10-0），制作公司的期待收益为70万日元，即$0.9 \times$（23-20）$+0.1 \times$（0-20）。

像这样代理人的努力与结果之间存在不确定因素的情况下，通过合同内容来防止道德风险，使代理人按照委托人的意愿行动，需要花费更多的费用。而且随着不确定性的增加，这个费用也会相应地提高。

比如投入高制作经费却出现低收听率的概率和投入低制作经费却出现高收听率的概率分别都提高到30%的情况下，上述三个条件如下所示。

$$P(h) > P(l) + 40 \qquad （IC约束）$$

$$P(h) > -\frac{3}{7}P(l) + \frac{200}{7} \qquad （参与约束）$$

$$P(h) < -\frac{3}{7}P(l) + \frac{380}{7} \qquad （提出合同的条件）$$

满足上述条件的领域如图表3-10阴影部分所示。

图表 3-10 存在严重道德风险的情况

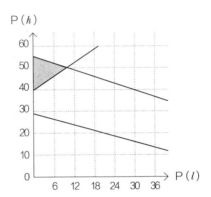

六、委托人方面的解决办法分为利益面的对策和信息面的对策

正如图表3-10所示，在制作经费与收听率之间存在的不确定性增加的情况下，委托人要支付的报酬比对称信息时（2000万日元）整整翻了一番，超过4000万日元，否则就没办法保证代理人愿意投入较高的制作经费。

但像这样随着不确定性的增加而提高报酬水平的情况也存在极限。比如在投入较高制作经费却获得低收听率的概率，以及投入较低制作经费却获得高收听率的概率都为40%的情况下，要想满足IC约束所需的报酬将超过8000万日元，那么在这种情况下委托人选择不提出合同的收益更高。在本节案例中，委托人实现盈亏平衡的临界点是投入较高制作经费却获得低收听率的概率，以及投入较低制作经费却获得高收听率的概率均为35%。

在实际情况中，制作经费与收听率之间的关系或许更加不确定。那么对于委托人来说，提出合同的条件就更加苛刻，使得委托人不愿意提出合同。那么在概率为30%，也就是存在巨大道德风险的情况下，FM公司应该采取怎样的应对办法呢？在本节的最后就让我们来思考一下这个问题。

（一）从收益角度考虑：施加惩罚

第一个方法，在出现低收听率的情况下，委托人可以对代理人施加惩罚。这样一来，原本肯定大于零的低收听率时的报酬就可能变成负数，那么横轴的范围就会如图表3-11所示变得更加广阔。

比如在低收听率时代理人必须赔偿委托人800万日元，那么高收听率时的报酬就可以从4000万日元降低到3300万日元。在这种情况下，FM公司的期待收益从之前的1000万日元，即0.7×（50-40）+0.3×（10-0）增加到1730万日元，即0.7×（50-33）+0.3×［10-（-8）］。

但这个方法存在一个问题，那就是将出现低收听率时的风险全都转嫁到了代理人身上。如果代理人只看期待收益，对支付赔偿的风险并不在意的话还好，但如果代理人不想承担这种风险的话，那么这种方法就不能发挥作用。

图表 3-11 对制作公司施加惩罚时能够提出合同的条件范围

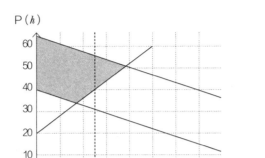

极端情况下，如果代理人是一家小型企业，在万一没能获得高收听率的情况下需要支付的赔偿金额超出自身能够承受的范围，那么就算委托人给出的报酬远高于代理人的期待收益，代理人也不敢接受合同（在这种情况下，必须通过"风险效用函数"的概念对各约束条件重新进行分析）。

（二）从信息角度考虑：委托人参与到代理人的工作之中

第二个方法是委托人派人到代理人那边监督工作，检查其实际投入了多少制作经费。这样一来，FM 公司就能够把握制作公司是不是真的投入了高制作经费。在支付报酬的时候也不必考虑最终的收听率，而是根据制作公司实际投入的制作经费来进行支付。投入高制作经费时的报酬为 P（H）、投入低制作经费时的报酬为 P（L），为了加以区分此处用大写字母的 H 和 L。

　　这种情况下的博弈树如图表3-12所示。需要注意的是2个自然（N）分歧点没有虚线相连。

图表 3-12 委托人参与到代理人的工作之中

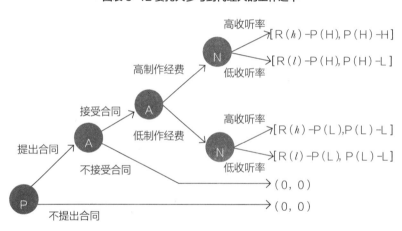

　　和之前的博弈相比这种方法最大的区别在于，不管最终收听率是高还是低，制作公司的报酬都是和制作经费相关的 P（H）-H，P（L）-L。换句话说，承担不确定性导致的风险的一方从制作公司变成了 FM 公司。

　　当博弈变成这样之后，前述的三个约束条件也变成如下所示。

P（H）＞P（L）+16　　（IC 约束）

P（H）＞20　　　　　　（参与约束）

P（H）＜38　　　　　　（FM 公司提出合同的条件）

符合上述条件的领域就是图表3-13中的阴影部分。

委托人把握代理人制作经费信息的同时，也要承担变更合同内容带来的不确定性风险，此时的博弈情况就和对称信息时一样，即便在获取高收听率的时候支付2100万日元（低收听率时为0）的报酬也能够满足三个约束条件。在这种情况下FM公司的期待收益为1700万日元，即0.7×（50-21）+0.3×（10-21）。

图表 3-13 委托人参与到代理人的工作之中时能够提出合同的条件范围

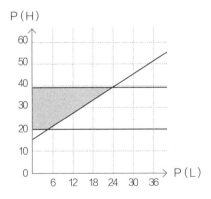

七、两个解决办法中存在的问题

上述两个方法哪一个更合适呢。虽然不管采用哪个方法 FM 公司的期待收益都基本相同（差额30万日元），但方法背后的做法却大不相同。

如果说前者对代理人施加惩罚的方式是"任凭你自由发挥，但不努力工作的话就会受到惩罚"的"放任与恐怖统治"，那么后者委托人承担风险的方式就是"承担责任的同时也加强管理"的"控制与监督统治"。孰优孰劣应该根据实际的情况具体问题具体分析。但两者分别存在代理人风险问题和监督局限性问题。

先说代理人风险问题。一般情况下，小型的制作公司因为资金有限，往往难以承担项目失败造成的损失。因此，制作公司方面往往对风险十分敏感。在本节案例之中，由除了这个节目还有其他收入来源的 FM 公司承担不确定性风险的方法应该能够取得更好的结果。

再来看一看委托人监督的问题。战后日本的金融机构往往会向申请贷款的企业派遣员工，以此来把握企业的内部状况，从而减轻道德风险带来的影响。

但这种监督方法也存在局限性。在本节案例中，委托人派遣的监督人员可以比较容易和准确地把握代理人制作公司实际投入了多少制作经费。但如果将资金换成努力和劳力的话就难以进行监督和测量了。

比如委托律师进行辩护时委托人和律师之间的关系。在这种情况下，委托人无法得知律师究竟有没有竭尽全力为自己辩护。而且就算在法庭上被判败诉也不能向律师提出赔偿请求。

所以在委托人和律师签订合同的时候，上述两个方法都没用，最终只能回到原点，以支付高成功报酬的方式来促使代理人竭尽全力。任何一个国家的律师都有不菲的收入，或许就是这个原因吧。

＊＊＊

在委托人和代理人签订合同的时候，合同需要满足哪些条件，才能让代理人愿意接受并且能够按照委托人的意愿行动？如果委托人不能把握代理人的实际工作情况，并且代理人的工作与结果之间存在不确定性的情况下，会出现哪些问题？为了避免这些问题，都能够采取哪些办法？如何在解决办法中寻求平衡，使委托人和代理人双方都规避道德风险、取得双赢的结果？在上述的商业活动状况中，委托人与代理人博弈将给我们提供许多的启示。

此外，关于通过委托人与代理人博弈使合同内容最优化的研究（最优契约理论和机制设计）近年来也取得了长足的进步。如今，在劳动市场的雇佣合同、投资者与资本企业的资金管理合同，甚至国民健康保险和金融机构存款保险等国家提供的保险服务中，都出现了利用"委托人与代理人博弈"来构筑合理制度的声音。

第4节：拍卖理论

拍卖根据是否能够把握对方的行动，分为公开型的公开竞价拍卖和非公开型的密封式拍卖。前者公开进行，买家都知道其他买家的行动，可以看作是重复同时博弈，主要分为英国式和荷兰式。后者非公开进行，买家将自己的价格写在纸条上一起交给卖家，然后由卖家选择买家，相当于同时博弈。密封式拍卖又分为第一价格封标拍卖与第二价格封标拍卖。

一、案例11：美术品拍卖策略

山形是东京某美术馆"P美术"的采购负责人。因为明天将举办著名画家西本健的新作公开拍卖会，山形和社长高山在会议室里对出价计划进行商讨。

对于山形来说明天的拍卖有些不一样。如果成功拍下作品的话，高

202

山社长打算将作品摆在自己的新家里作为装饰。高山社长认为这幅画价值2000万日元，只要不超过这个价格就可以买下来。

而在拍卖会上可能出现的竞争对手是附近另一家美术馆"Q美术"的社长冲本。听说冲本最近也在收集西本的作品，作为自己的收藏，而且冲本似乎对这次即将拍卖的作品很感兴趣。

对高山来说，他肯定不希望自己看中的作品被同行冲本抢走，于是他事先做了很多调查，但并没有获得什么有价值的信息，只知道冲本的出价在0~2000万日元。

明天的拍卖会还没有决定拍卖形式。山形认为美术品拍卖一般都是采用"英国式公开拍卖"。但根据拍卖方发来的信息，也有可能采取的是由买家写下价格投入拍卖箱中，然后从中选出最高价格的"密封式拍卖"。

山形之前从来没参与过"密封式拍卖"。如果是公开拍卖的话，可以通过在会场看别人出价，对这幅作品的大众评价有个初步的把握。当然，有时候竞拍进入白热化，价格可能会被标得很高，但出高价的一般都是对拍卖不怎么熟悉的买家，专业的买家总是会设定一个上限，一旦拍卖金额超出上限就不再继续出价。但"密封式拍卖"就完全不一样了，在这种情况下，买家很难知道其他买家的信息。

* * *

山形不知道自己应该出价多少。几天前，他在报纸的经济专栏看到了一篇名为"拍卖中的'赢者诅咒'"的文章，文章中指出，拍卖的中标者往往付出比商品价值高许多的价格，而由此出现的损失只能由自己承担。山形对此感到非常不安，所以他才专门向高山社长询问拍卖时的出价方针。

高山社长希望能够以尽可能低的价格买下那幅作品，那么山形在拍卖会上应该采取什么策略呢？"密封式拍卖"和"英国式公开拍卖"又对拍卖结果有怎样的影响呢？

理 论

在本节中，我们将通过博弈论对"拍卖"进行分析。大家听到"拍卖"和"竞标"，首先想到的是什么呢？或许很多人想到的都是像"苏富比"和"佳士得"这样著名的拍卖行，拍卖人拿着锤子站在艺术品或珠宝跟前，大声地宣布"100万美元、还有人出价吗"之类的光景吧。在日本泡沫经济最鼎盛的时期，日本的收藏家们在海外接连以惊人的价格拍下艺术品的行为震惊了整个世界。

但拍卖并不仅限于销售高价的艺术品和珠宝。比如经常见诸新闻和报纸上的公共事业竞拍和金融机构抵押不动产的竞拍，以及债券和股票的买卖等，甚至蔬菜和水产市场每天都会进行的"竞拍"（如今似乎已经变成了传统艺术）等，都属于拍卖的范畴。如今在互联网上也出现了买卖双方通过竞拍的方式购买物品的"拍卖网站"，似乎还挺受欢迎。在商业活动的现场，企业采购原材料或设备的时候，也会让多家供应商提供报价，然后从中选出最合适的一家，这也属于拍卖。

拍卖中的相关人员可以大致分为出售拍卖对象的卖家（通常情况下只有一个），以及买家（通常情况下有许多个）。在拍卖之中，卖家的目的是将商品以尽可能高的价格卖出，买家的目的是在不输给其他买家的前提下以最低的价格将商品买下来。

将拍卖作为博弈进行分析时，参与者通常不包括卖家，只对多个买家之间的竞争过程进行分析。这是因为卖家除了决定拍卖的方法（有时候还包括最低成交价格）之外在整个拍卖过程中没有任何行动，也就是说，"拍卖的博弈"只以买家之间互相猜测对方想法的方式进行。

在拍卖中各参与者（买家）通常不知道其他参与者对商品价值有什么评价。也就是说在拍卖中，买家不知道商品成交与不成交时其他参与者的收益，因此相当于非对称信息博弈。

在本节之中，我们将对参加拍卖的各参与者应该采取怎样的策略才能使自身收益最大化进行分析。这对于我们在商业活动现场遇到类似拍卖的情况时应该采取什么行动也能够提供宝贵的经验。

二、拍卖的四种形式

首先我将为大家介绍四种拍卖的形式。拍卖主要可以分为公开型（公开竞价拍卖的情况）和非公开型（密封式拍卖的情况）两种。

（一）公开竞价拍卖

公开进行，买家能够把握其他买家采取了什么行动。这种拍卖可以看作是连续进行的同时博弈。在现实中，艺术品拍卖大多采取这种方式。公开竞价拍卖又包括以下两种形式。

•英国式公开拍卖：从最低价开始，出价最高的人中标。艺术品拍卖大多采取这种方式。

•荷兰式公开拍卖：从最高价开始逐渐降价，第一个喊"买"的人中标。最早是荷兰拍卖郁金香球根的方式，因此得名。

（二）密封式拍卖

非公开进行，各买家将出价写在纸条上然后一起交给卖家，卖家从中选出中标的买家。这种拍卖可以看作是单阶段同时博弈。在现实中公共事业和企业的竞标就相当于这种方式。

密封式拍卖包括以下两种形式。

•第一价格封标拍卖：出价最高的买家中标。通常公共事业和企业竞标都采用这种方式（虽然在公共事业和企业竞标中通常是给出最低价格的人中标，但作为博弈分析时是一样的）。

•第二价格封标拍卖：出价最高的买家以出价第二高的买家的价格中标。因为这种形式非常有讨论意义因此经常被博弈论引用，但在现实世界中并不常见。

三、对称信息拍卖博弈：密封式拍卖的情况

首先，我们以信息对称和共享为前提，对拍卖的博弈进行分析。

假设本节案例中的拍卖以密封式拍卖进行。正如前文中介绍过的那样，这种拍卖需要所有参与者同时给出自己的出价，属于对称信息单阶段同时博弈。在以对称信息为前提进行分析后，我们将再换成非对称信息的前提，比较两者得出的结果有什么变化。

在本节案例之中，参与者为 P 美术和 Q 美术两个。假设这两个参与者都知道对方对拍卖品价值的评估价格（双方的评价都为正），用 v_1 代表 P 美术的评估价格，v_2 代表 Q 美术的评估价格。参与者实际给出的价格分别为 b_1、b_2。最终中标的价格为 B。在这种情况下，各参与者的收益如下。

P 美术的收益——
中标的情况：$v_1 - B$
没中标的情况：0

Q 美术的收益——
中标的情况：$v_2 - B$
没中标的情况：0

顺带一提，因为这是同时博弈，可以用收益矩阵来表示，但此处省略。

（一）对称信息下的第一价格封标拍卖

首先以第一价格封标拍卖的形式分析一下两个参与者中写下最高价格的人中标的情况。此时的中标规则为 $b_1 > b_2$ 时，$B=b_1$、$b_1 < b_2$ 时，$B=b_2$。因此各参与者的收益如下所示。

P 美术的收益——

中标的情况：$v_1-B=v_1-b_1$

没中标的情况：0

Q 美术的收益——

中标的情况：$v_2-B=v_2-b2$

没中标的情况：0

根据上述收益算式可以发现在这种拍卖条件下的两个原则。

第一个原则是"绝对不能给出比自己的评估价格更高的价格"。

这一点通过各参与者的收益就可以看出。比如 P 美术给出超过自身评估价格的价格，那么 $b_1 > v_1$，在这种情况下就算 P 美术中标，收益 $v_1-b_1 < 0$，比没中标时的收益更低。对于 Q 美术来说也一样。

第二个原则是"知道自己的评估价格比其他参与者的评估价格更高

的买家，不应该给出自己的评估价格，而应该给出比评估价格第二高的买家的价格稍微高一点的价格"。

假设 P 美术的评估价格比 Q 美术更高（$v_1 > v_2$），那么 P 美术给出 v_1 就不是最优的选择。因为与给出 v_1 相比，P 美术只要给出比 v_2 更高的价格（极端地说，只要高出 1 日元）就能够中标，而且能够获得比给出 v_1 更高的收益。

在对称信息的第一价格封标拍卖中，上述两个原则即便在参与者超过两人的情况下也仍然适用。如果各参与者都严格遵守上述策略，那么卖家只能获得比第二高评估价格稍微高一点的拍卖金额。

（二）对称信息下的第二价格封标拍卖

接下来让我们再分析一下第二价格封标拍卖形式下，两个参与者中给出最高价格的参与者以第二高价格中标的情况。因为只有两名参与者，所以最后的中标价格为没中标的参与者给出的价格。

在这种情况下的中标规则为 $b_1 > b_2$ 时，$B=b_2$、$b_1 < b_2$ 时，$B=b_1$。因此各参与者的收益如下所示。

P 美术的收益——

中标的情况：$v_1-B=v_1-b_2$

没中标的情况：0

Q美术的收益——

中标的情况：$v_2 - B = v_2 - b_1$

没中标的情况：0

在这种情况下，卖方获得的拍卖金额为两名参与者给出的价格中较低的一方，乍看起来对卖方不利。但实际上真是如此吗。因为第二价格封标拍卖比第一价格封标拍卖分析起来更加复杂，因此以下通过数字和收益矩阵来进行说明。

首先假设P美术和Q美术的评估价格分别为2000万日元和1000万日元，而且双方都知道对方的评估价格。以下将单位为设1000万日元，则$v_1 = 2$，$v_2 = 1$。

假设各参与者给出0日元、1000万日元、2000万日元、3000万日元的价格，通过收益矩阵进行一下分析。在两个买家给出同样价格的情况下，以0.5的概率随机从参与者1和参与者2之中任选其一中标。因此，在两名参与者都给出3000万日元时的期待收益如下所示。

P美术馆中标将支付3000万日元，没中标支付0日元。

$$0.5 \times (2-3) + 0.5 \times 0 = -0.5 \quad （500万日元的亏损）$$

Q美术馆的期待收益如下所示：

$$0.5 \times (1-3) + 0.5 \times 0 = -1 \quad （1000万日元的亏损）$$

上述算式整理成收益矩阵如图表3-14所示。

图表 3-14 对称信息下的第二价格封标拍卖

Q 美术

	0	1000 万日元	2000 万日元	3000 万日元
0	(+1, +0.5)	(0, +1)	(0, +1)	(0, +1)
1000 万日元	(+2, 0)	(+0.5, 0)	(0, 0)	(0, 0)
2000 万日元	(+2, 0)	(+1, 0)	(0, -0.5)	(0, -1)
3000 万日元	(+2, 0)	(+1, 0)	(0, 0)	(-0.5, -1)

P 美术

（三）弱占优策略

通过收益矩阵数值的下划线可以看出，在这个博弈之中，有十个纯策略纳什均衡存在。但如果 P 美术选择给出2000万日元的策略（图表3-14中横轴阴影部分），那么不管 Q 美术给出什么价格，P 美术都能够获得比给出其他价格相同或者更高的收益。这样的策略被称为"弱占优策略"。

在这十个纳什均衡之中，选择"弱占优策略"能够实现更稳定的均衡状态。因此，P美术应该给出2000万日元的价格。

Q美术同样拥有"弱占优策略"，那就是给出1000万日元的价格（图表3-14中竖轴阴影部分）。

上述关于"弱占优策略"的结论，即便每次出价幅度在1日元的情况下也仍然成立。上述事例之所以将出价幅度定在1000万日元，只是为了避免收益矩阵过于复杂。

综上所述，在信息对称的第二价格封标拍卖中可以得出以下原则。

• 直接给出自己评估的价格。

即便在参与者超过两人的情况下该原则仍然有效。

如果各参与者都严格基于这一原则选择策略，那么出价最高的参与者中标，支付第二高价格的参与者给出的评估价格。卖家能够获得的金额与第二高买家的评估价格相等。

有趣的是，在信息对称的情况下，这两种封标拍卖最终的中标价格基本相同。如果出价幅度为1日元，那么第一价格封标拍卖的中标价格只比第二价格封标拍卖的中标价格高1日元，属于可以忽略不计的差异。

四、对称信息拍卖博弈：公开竞价拍卖的情况

在公开竞价拍卖形式下，卖家（L公司，或者作为其代理人的拍卖者）将买家（P美术和Q美术）叫到一起，首先给出一个起拍价格，然后P美术和Q美术表示是否接受价格。首先从英国式拍卖开始分析。

（一）英国式拍卖

在英国式拍卖中，出价会以一定的幅度不断提高，一直重复到最终除了一名买家之外其他买家都放弃出价为止。这种拍卖可以看作是出价每次变化（上升）的连续同时博弈来进行分析。

假设P美术的评估价格是2000万日元，Q美术的评估价格是1000万日元，拍卖的出价幅度为100万日元一次。比如当前叫价为900万日元，两个参与者都继续出价的话，下一次的出价就是1000万日元。

为了简化分析，假设在两个参与者都放弃的时候拍卖失败，两个参与者都不必支付拍卖金额。图表3-15是英国式拍卖的博弈树，起始点为叫价1000万日元的时候。

图表 3-15 英国式拍卖

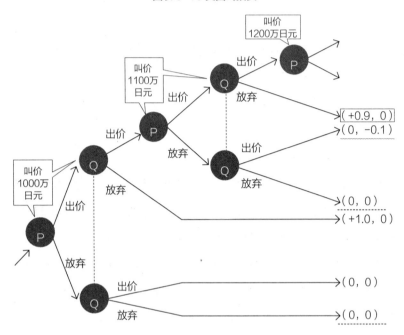

首先来思考一下在叫价1100万日元的子博弈中 Q 美术馆的策略。在这个时候，Q 美术馆必须决定是继续出价还是选择放弃。

（二）继续出价时 Q 美术的期待收益

如果 P 美术选择放弃，那么拍卖就此结束，Q 美术必须支付1100万日元。因为这个金额超出了 Q 美术的评估价格1000万日元，因此 Q 美术的收益为 -100万日元（图表3-15中画波浪线的部分）。

反之，如果 P 美术也继续出价，那么叫价就会提高到1200万日元，拍卖继续。因为不知道拍卖会在什么阶段结束，所以无法准确计算期待收益，但有一点可以肯定的是只要拍卖继续下去，Q 美术的收益都不可能成为正。如果 Q 美术中标，只会出现比现在更大的亏损，因为放弃的收益为零。

（三）选择放弃时 Q 美术的期待收益

Q 美术在叫价1100万日元的时候选择放弃，那么因为 P 美术继续出价，因此 Q 美术的收益为零。因此，在叫价达到1100万日元的时候，对于 Q 美术来说选择放弃比继续出价获得的收益更高，也就是说选择放弃的策略与继续出价的策略相比属于"弱占优策略"（图表3-15中画虚线的部分）。

综上所述，Q 美术在叫价达到1100万日元的时候就会选择放弃，P 美术则选择"继续出价"。也就是说，P 美术以1100万日元的价格拍下这幅作品，能够获得900万日元（＝评估价格2000万日元－中标价格1100万日元）的收益（如表3-15中长方形框内的部分）。

利用逆向归纳法进行分析，在叫价1000万日元的子博弈中，Q 美术和 P 美术都没有放弃的理由。因为在这种情况下的中标金额都在两家的评估价格以下。也就是说，选择"继续出价"的期待收益在选择"放弃"的收益（0）之上。

综上所述，在对称信息的英国式拍卖中，只要遵循以下原则就能够选中最优策略。

• 在叫价超过自己的评估价格之前一直继续出价，一旦叫价超过自己的评估价格就选择放弃。

根据这一规则，对拍卖品给出最高评估价格的买家将中标，而卖家将获得比给出第二高评估价格的买家的评估金额稍微高一点的金额。上述案例中的出价幅度为100万日元，如果出价幅度更小的话，那么这个金额差会更小。

在各参与者都采取上述策略的情况下，满足子博弈精炼均衡的条件。

（四）荷兰式拍卖

荷兰式拍卖是从最高值开始不断降低叫价（降低幅度也为100万日元），当有买家率先出价时（一名以上的买家喊"买"的时候）拍卖结束。在本案例中就是两个参与者其中之一喊买的时候拍卖结束。荷兰式拍卖的博弈树如图表3-16，以及图表3-17所示。

当然，在叫价降低到某个数值的时候可能两个参与者都喊买，在这种情况下以0.5的概率随机选择 P 美术和 Q 美术为中标者，中标者需要支付成交金额。

乍看起来，在这种博弈规则下，评估价格比较高的 P 美术可以在叫价低于2000万日元的时候立刻喊买并成功中标。但因为在信息对称的情况下 P 美术知道 Q 美术的评估价格是多少，所以这种策略并不是最合适的。

如图表3-16所示，Q美术在叫价2000万日元的阶段如果选择出价，那么不管P美术选择"出价"还是"观望"，Q美术的（期待）收益都是负值（如果P美术选择"出价"，Q美术有0.5的概率中标，可能出现500万日元的亏损，而如果P美术选择"观望"，那么Q美术肯定中标，就会出现1000万日元的亏损）。而如果Q美术选择"观望"的话则收益为零。对Q美术来说，在叫价2000万日元的时候选择"观望"是占优策略。因为信息对称，P美术当然也清楚这一点，所以P美术知道Q美术在这一阶段不会选择"出价"，当然在这一阶段也不会选择"出价"的策略。

图表 3-16 荷兰式拍卖①

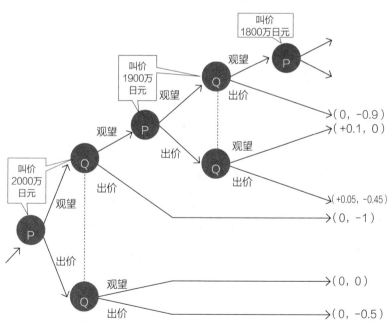

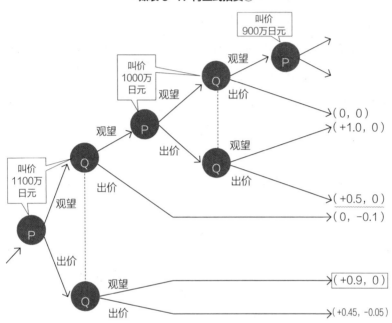

如表 3-17 荷兰式拍卖②

　　那么，P 美术应该等叫价降低到多少的时候出价呢？请看图表3-17。

　　在叫价降低到 Q 美术的评估价格1000万日元的时候，对 Q 美术来说选择"观望"不再是占优策略，出现了选择"出价"的可能性。假设在这个时候 P 美术选择"出价"，那么由于两个参与者同时"出价"，P 美术只有0.5的概率中标，期待收益为0.5，即500万日元（图表3-17中画波浪线的部分）。

　　P 美术也清楚这一点，只要 P 美术在 Q 美术选择"出价"之前的子博弈，也就是叫价在1100万日元的阶段就"出价"的话，因为Q美术不会在这个阶段"出价"，所以P美术能够百分之百地以1100万日元的金额中标（图表3-17中长方形框内的部分）。与在1000万日元时出价相比，P美术的期待收益多出400万日元，能够获得900万日元的收益。

将上述内容整理之后，可以发现在信息对称的荷兰式拍卖中遵循以下原则就是最优策略。

• 在叫价达到仅次于自己评估价格的买家的评估价格之前出价，在此之前一直保持观望。

根据这一规则，对拍卖品给出最高评估价格的买家将中标，卖家能够获得比第二高评估价格稍微高一点的金额（每次叫价降低的幅度越小，这个金额的差距就越少）。

在各参与者都采取上述策略的情况下，满足子博弈精炼均衡的条件。

* * *

通过上述内容不难看出，在信息对称的前提下，不管采用哪一种拍卖方式，卖家（如果将叫价幅度设定的很小）都将获得相差无几的金额，也就是比第二高评估价格稍微高一点的金额。

但对各拍卖方法中的"占优策略原则"进行比较后就会发现，得出最终结果的逻辑过程完全不同。在第二价格封标拍卖和英国式拍卖中，各参与者都只需要基于自己的评估价格来决定策略，而在第一价格封标拍卖和荷兰式拍卖中，参与者需要知道其他参与者（准确地说是仅次于自己评估价格的买家）的评估价格才能够选择占优策略。

可想而知，第二价格封标拍卖和英国式拍卖在非对称信息的情况下可以采用和对称信息时完全相同的策略。而第一价格封标拍卖和荷兰式拍卖在非对称信息的情况下占优策略则将发生变化。

五、非对称信息拍卖博弈

接下来让我们以非对称信息为前提对拍卖博弈进行一下分析。假设P美术和Q美术都遵循以下前提。

- 知道自己对拍卖画作的评估价格。
- 只知道对方评估价格的可能范围（概率分布）。

以本节案例11为例，P美术和Q美术都知道对方的评估价格在0~2000万日元之间，但不知道具体的数字，而且任何数字可能出现的概率都是一样的（0~2000万日元之间"均匀分布"）。

如果两个参与者给出相同的价格，那么以0.5的概率随机抽出中标者。

（一）第二价格封标拍卖与英国式拍卖的情况

正如前文所说，在非对称信息下的第二价格封标拍卖和英国式拍卖之中，各参与者并不需要知道仅次于自己评估价格的买家的评估价格，和对称信息时完全相同的策略就是占优策略。

•直接给出自己的评估价格（第二价格封标拍卖）。
•在叫价超过自己的评估价格之前一直继续出价，一旦叫价超过自己的评估价格就选择放弃（英国式拍卖）。

如果卖家将每次叫价的幅度设定的很小，那么只能获得比给出第二高评估价格的买家的评估金额稍微高一点的金额。

（二）第一价格封标拍卖与荷兰式拍卖的情况

那么，在非对称信息的前提下，第一价格封标拍卖应该采取什么策略呢？从结果上来说，"各参与者应该给出比自己评估价格的一半稍微高一点的价格"是占优（贝叶斯均衡）策略。具体的推导过程可参考拉斯缪森著《博弈与信息》，本书只分析此策略满足"贝叶斯均衡"的条件。

贝叶斯均衡策略指的是在其他参与者选择贝叶斯均衡策略的前提下，如果只有自己选择其他策略也无法增加自身收益的状态（参见第3章第1节）。让我们思考一下当Q美术基于均衡策略给出比自己的评估价格的一半稍微高一点的价格——也就是 $b_2=1/2v_2+\varepsilon$ （ ε ：代表无限小的正数值）前提下——P 美术应该采取的占优策略是什么。

假设 P 美术的出价为 b_1，那么 P 美术的期待收益可以通过如下方法计算。

$$P 美术的期待收益 =$$
$$（给出比 Q 美术的出价更高价格的概率）×$$
$$（v_1-b_1）+$$
$$（给出与 Q 美术的出价相同价格的概率^{①}）×$$
$$（v_1-b_1）×0.5+$$
$$（给出比 Q 美术的出价更低价格的概率）×0=$$
$$[b_1>1/2v_2+ε（=b_2）的概率]×$$
$$（v_1-b_1）……算式①$$

首先考虑 P 美术给出比1000万日元＋ε 更高的金额，也就是 $b_1>1+ε$ 的情况。

即便 Q 美术的评估价格是可能范围内的最大值2000万日元，那么在"给出比自己评估价格的一半稍微高一点的价格"这一占优策略的指导下，Q 美术就会给出1000万日元＋ε 的价格。当然，如果 Q 美术的评估价格更低的话，给出的价格也会更低。

---

① 在0与2（单位为1000万日元）之间均匀分布前提下，两者给出相同价格的概率无限小，因此在计算中看作0。

222

也就是说，只要 P 美术给出比1000万日元 + ε 更高的价格，就一定能够中标。反之，也可以说 P 美术为了中标给出了不必要的高价。

考虑到在均匀分布的情况下，Q 美术的评估价格在2000万日元的概率无限接近于零，只要 P 美术给出1000万日元 + ε 的价格就能够获得"几乎一定中标"的效果。那么 P 美术的出价（b_1）可以在1000万日元 + ε 以下。

这样一来，b_1在1+ ε 以下（比1000万日元稍微高一点的价格以下）即可，以此为前提，上述 P 美术的期待收益算式（算式①）中 $b_1 > 1/2v_2+ ε$ 的概率和 $v_2 < 2b_1-2 ε$ 的概率（Q 美术的评估价格在比 P 美术出价的两倍稍微低一点的价格以下的概率[①]）相同，也就是（$2b_1-2 ε$）$/2=b_1- ε$[②]。

将上述内容代入算式①中整理后的算式如下。

$$P 美术的期待收益 =$$

$$(b_1- ε) × (v_1-b_1) =$$

$$-b_1^2+b_1 (v_1+ ε) - ε v_1=$$

$$- (b_1- \frac{v_1+ ε}{2})^2+ \frac{1}{4} (v_1+ ε)^2- ε v_1$$

---

① 虽然2ε 是 ε 的二倍，但因为 ε 本身就是无限小数，因此其二倍也同样是无限小数。

② 在0与2（单位为1000万日元）之间均匀分布前提下，出现 x 以下数字的概率为 x/2。比如出现0.5以下数字的概率为0.25，出现1以下数字的概率为0.5。

223

计算后可知，P 美术的期待收益在选择 $b_1=1/2v_1+\varepsilon'$ 时最大（ $\varepsilon'=\varepsilon/2$，但因为 ε 本身就是无限小数，所以 ε' 也是无限小数）。也就是说，只要 Q 美术给出 $b_2=1/2v_2+\varepsilon$ 的价格，那么 P 美术选择 $b_1=1/2v_1+\varepsilon'$ 之外的出价都无法增加自身的收益。

综上所述，"各参与者给出比自己评估价格的一半稍微高一点的价格"这一策略满足贝叶斯均衡的条件。

荷兰式拍卖的情况也一样，"各参与者在叫价达到自己评估价格的一半之前出价"就是占优策略。

六、非对称信息下各种拍卖形式的比较

（一）商品价值在参与者之间各不相同的情况：收益等价定理

在非对称信息的前提下，对上述几种占优策略进行比较，哪一种卖家获得的金额最高呢？

- 直接给出自己的评估价格，第二价格封标拍卖和英国式拍卖。
- 给出自己评估价格一半的价格，第一价格封标拍卖和荷兰式拍卖。

从结论来说，将前者与后者获得的金额平均后，期待成交价格是相同的。这个期待成交价格的具体数值为667万日元（2000/3，忽略不计稍微高出的 ε 部分的金额）。

一般来说，像本案例中这样作为拍卖对象的商品的价值对各参与者来说各不相同（独立私人价值）的情况下，不管采用上述四种拍卖方式之中的任何一种，卖家（以商品必定能够成交为前提）获得的期待成交价格都是相同的。

在拍卖领域，这种情况被称为收益等价定理。

（二）商品价值在各参与者之间完全相同的情况：赢者诅咒

考虑到"收益等价定理"的前提条件，在实际拍卖中满足这些条件的情况十分有限。特别是在以商业活动为中心的竞拍活动中，绝大多数都无法满足"作为拍卖对象的商品的价值对各参与者来说各不相同"的"独立私人价值"这一前提。

比如在本节案例中P美术和Q美术购买拍卖的艺术品不是为了自己收藏，而是为了在艺术品市场上转手卖掉，那么在这种情况下，艺术品转卖时的价格就将对其拍卖价格产生影响。

类似这种某种共通的市场价格对作为拍卖对象的商品价值产生影响的情况被称为共有价值拍卖。比如国债的购买和油田开采权的竞拍，以及所有以转卖为目的进行的拍卖等都属于共有价值拍卖。

在共有价值拍卖的情况下，各参与者无法预先知道商品转卖时的市场价格（商品的共有价值），只能各自进行推测的情况下，就可能出现被称为赢者诅咒的现象。因为在共有价值拍卖中，对商品的转卖价格给出更高估价的参与者更容易中标（成为赢家）。

也就是说，因为成为"赢家"的中标者给出的是比商品的共有价值更高的价格，所以在进行转卖的时候反而会出现损失。

在这种共有价值拍卖之中，不同的拍卖方法对卖家的收入将造成巨大的影响。具体来说，在第一价格封标拍卖和荷兰式拍卖中，参与者害怕自己的推测价格比共有价值更高，所以只会给出比自己的推测价格更低的价格（在价格降低到自己的推测价格之前不会出价），结果卖家获得的收益就会变少。

与之相比，在第二价格封标拍卖和英国式拍卖中，中标者只需要支付第二高的评估价格，所以不必太担心"赢者诅咒"造成的损失。在这种情况下，参与者都会给出更接近共有价值的价格，所以卖家也能够获得更多的收益。在艺术品和古董拍卖中经常采用英国式拍卖，可能就是因为上述原因。

七、将拍卖博弈应用于商业活动中的三个心得

最后作为本章的总结，我将为大家介绍拍卖博弈的理论在实际商业活动之中都能够发挥出哪些作用。

（一）把握拍卖形式

首先，最重要的一点就是"把握拍卖的形式"，比如本节案例中需要预估出价的情况，就必须提前把握拍卖的形式。

通常情况下，任何人在参加拍卖时都会想到"给出自己的评估价格"这一策略，但在第一价格封标拍卖中，博弈论告诉我们"在绝大多数情况下，应该给出比自己的评估价格更低的价格"，而在有的情况下，就像我们在非对称信息拍卖中看到的那样，"给出比自己的评估价格的一半稍微高一些的价格"才是占优策略。

在现场恐怕很难凭借直觉选出类似这样的策略。因此，首先把握拍卖以何种方式（本节中介绍的四种）进行，根据拍卖方式提前选择最合适的策略尤为重要。

（二）警惕"赢者诅咒"

其次，非常重要的一点就是要警惕"赢者诅咒"。

在商业活动之中，绝大多数的拍卖都不是为了"满足自身兴趣"的"独立私人价值拍卖"，而是"共有价值拍卖"。所以拍卖下来的商品最终不是为了转卖，就是为了当作企业资产由市场来评估其价值。

也就是说，按照自己的评估价格来出价或许能够在拍卖中胜出，但最终的结果却是花了高价，导致将来转卖的时候出现亏损，陷入"赢者诅咒"的状况之中。

为了避免出现这种情况，首先要做的一点就是给出比评估价格更低的价格。而对卖家来说，最好选择"赢者诅咒"的影响较小的拍卖方法，这样有利于获得更多的收益。

（三）同盟协议与拍卖形式之间的关系

在拍卖之中，买家之间事先达成同盟是非常严重的问题。不过在上述几种拍卖形式之中，第一价格封标拍卖和荷兰式拍卖能够有效地避免出现这种问题。

比如在"独立私人价值"的"英国式拍卖"中，任何一方背叛都不会得到更多的收益，所以买家之间很容易达成同盟协议。假设评估价格最高的参与者希望能够以较低的价格中标而与其他参与者达成了同盟协议，而其他参与者选择背叛一直出价，但评估价格较低的"背叛参与者"在叫价达到一定金额的时候收益将变成负值，就不得不选择放弃。所以对评估价格较高且希望中标的参与者来说，事先达成同盟协议没有任何的风险。

与之相对的，在荷兰式拍卖之中，一旦有人选择背叛，提前出价，那么拍卖立刻结束，出价的人成为中标者。也就是可能出现"背叛的人成为赢家"的情况。因此，在参与者之间没有充分信任度的情况下，事先很难达成同盟协议。

此外，同盟协议成功与否，还与拍卖是只进行一次还是重复多次有很大的关系。

正如我们在第2章中看到的那样，在同样的博弈反复出现的情况下，

"报复威胁"将发挥巨大的作用。比如行业协会拥有较大影响力的情况下，如果参与者背叛同盟协议，将来必将受到来自其他参与者的报复，那么协议就具有很强的约束力。

如果不希望在拍卖中出现参与者实现达成同盟协议的情况，可以扩大参与者的范围，也就是让参与者中除了行业协会的加盟企业之外，外国企业也可以自由地参加拍卖。只要经常改变拍卖的参与者，基于"未来的报复威胁"的协议的约束力就会大幅减弱，使参与者能够选择更加合理的策略。

专栏：各种拍卖中卖方的期待成交价格

首先来看一看第一价格封标拍卖和荷兰式拍卖的情况。为了简化计算，我们不考虑"稍微高一点的金额（ε）"，那么第一价格封标拍卖的中标价格如下。

$$b_1 = 1/2v_1, \quad b_2 = 1/2v_2$$

也就是说评估价格高的参与者就是中标者，成交价格为$1/2v_1$和$1/2v_2$中较大的一个。

而第二价格封标拍卖和英国式拍卖的情况下，出价为：

$$b_1 = v_1, \quad b_2 = v_2$$

在这种情况下，虽然中标者是评估价格较高的参与者，但实际支付的价格却是评估价格较低的参与者给出的价格，所以成交价格为 v_1 和 v_2 中较小的一个。

假设 $v_1 > v_2$，在这种情况下：

· 第一价格封标拍卖方式：成交价格为 $1/2 v_1$。
· 第二价格封标拍卖方式：成交价格为 v_2。

在本节案例11中，假设 v_2 是在0到2（单位为1000万日元）之间均匀分布的数值，在 v_2 取比 v_1 更小范围（0以上 v_1 以下）值的情况下，v_2 的期待值 $E(v_2) = 1/2 v_1$。因此不管选择哪一种拍卖方式，最终中标价格（成交价格）的期待值都是相同的。

在 $v_1 < v_2$ 的情况下也一样，在这种情况下 $E(v_1) = 1/2 v_2$，不管选择哪一种拍卖方式，期待成交价格都是相同的。

综上所述，在任何情况下，前者与后者的拍卖方式所获得的期待成交价格都是相同的。

同时我们还可以发现以下关系（这个算式只是单纯地表明将两个数值中较大的一方与较小的一方相加后，等于原来两个数字之和）。

（v_1和v_2中较大一方的值）+

（v_1和v_2中较小一方的值）=v_1+v_2

因为上述算式中右侧的期待值v_1和v_2都在0~2之间均匀分布，所以v_1和v_2的期待值都是1。也就是说右侧期待值的合计为2。

而上述算式中左侧的期待值正如前文所示，满足（v_1和v_2中较小一方的值）=1/2×（v_1和v_2中较大一方的值）这一等式，将这一等式代入以上算式后如下所示。

（v_1和v_2中较大一方的值）+（v_1和v_2中较小一方的值）=

3/2×（v_1和v_2中较大一方的值）=2

因此：

（v_1和v_2中较大一方的值）=4/3

计算可得：

（拍卖的期待成交价格）=

1/2×（v_1和v_2中较大一方的值）=

1/2×（4/3）=2/3≈667万日元

第5节：讨价还价理论与合作博弈

要 点

在单阶段同时讨价还价博弈之中，要想找出均衡解就必须使用纳什的讨价还价解这一概念。这是以参与者之间的合作为前提的合作博弈的方式。另一方面，在序贯博弈的讨价还价博弈之中，不以参与者之间相互合作为前提的非合作博弈也能够找到均衡解。在有限次数序贯博弈的情况下，拥有最终提案权的参与者处于有利局面，但随着交涉次数增加其收益率减少越多（交涉次数越多损失越多），当交涉次数达到一定程度时，博弈就会对最初的提案者有利。此外，各参与者的收益减少率各不相同的情况下，收益减少率较低（交涉延长造成的损失较小）的参与者处于有利状态。

案 例

一、案例12：建筑项目的承包比例交涉

I 建筑是位于关西 Z 市的建筑公司。I 建筑的营业部长中山从东京的大型开发商 K 开发处承包到了一项大工程，项目内容是修建位于 Z 市

郊外的别墅住宅区。

据说这项工程的总工程费用是10亿日元，对 I 建筑来说这是一笔很大的交易。K 开发希望 I 建筑能够和 J 建筑共同承包这个项目。为了和 J 建筑划分承包比例，I 建筑必须在近日向 K 开发提交自己的期待承包价格。

K 开发的桥本部长给两家都发送了邮件，决定本次项目承包价格的流程如下。

首先 I 建筑向 K 开发报告承包价格。

K 开发在接到 I 建筑的报价之后，根据剩余的预算（10亿日元 -I 建筑报告的价格）询问 J 建筑是否愿意接受。J 建筑需要在一个月内回应。如果 J 建筑接受，那么 K 开发就按照这份报价委托 I 建筑和 J 建筑承包工程，并支付预付款。

如果 J 建筑不接受，那么 J 建筑给出自己的期待承包价格，K 开发将这个金额通知给 I 建筑，询问 I 建筑是否愿意接受剩余的预算（10亿日元 -J 建筑给出的价格），I 建设也需要在一个月之内回应。如果 I 建设接受，那么 K 开发就按照这份报价委托 I 建筑和 J 建筑承包工程，并支付预付款。

如果 I 建筑不接受，K 开发可能会再次重复前面的流程，也可能委托其他建筑公司承包该项目。

另外，I 建筑与 J 建筑绝对不能事先商量好承包价格，如果违反这一规定的话，两家公司都将失去承包资格，而且今后所有 K 开发的项目都不允许这两家公司参与。当然中山本身压根没有事先和 J 建筑商量的想法，J 建筑的负责人也一样。

I 建筑现在有很多债务，每个月需要支付大量的利息。所以 I 建筑希望能够尽早拿到工程预付款。但如果他们提出的承包比例太低的话，对减少债务又起不到什么帮助。

中山觉得要想速战速决，提出5亿日元的承包价格是比较合适的。但 J 建筑如果不接受这个比例，而是提出自己占绝大多数的承包比例的话，I 建筑应该怎么办呢？

* * *

中山的直觉告诉自己，K 开发是否会重复决定承包价格的流程将对自身应该采取的策略造成极大的影响。如果 K 开发会重复流程，那么 I 建筑可以和 J 建筑针对承包价格的问题进行交涉，但如果 K 开发不重复流程而是选择更换委托对象，那么 I 建筑就不得不接受 J 建筑提出的无理要求。

有没有具体的理论能够对自己的直觉进行分析呢？中山想到自己的高中同学塚本现在于当地的大学教授经营学，上次同学会的时候，他还说自己的博士论文题目就是"讨价还价理论"。

想到这里，中山立刻拿起电话拨通塚本的号码，把自己高中时候曾经嘲笑塚本是"书呆子"的事全都忘在脑后了。

从公司内部各部门之间的职务分配、子公司与母公司之间的转移价格交涉到劳资双方的工资协议，讨价还价可以说是商业活动中必不可少的要素。

本节作为博弈论的应用篇，将对讨价还价博弈进行分析。

首先让我们来看一看本节的案例12。这是两个参与者，I 建筑和 J 建筑，围绕别墅建筑项目的承包比例展开的竞争。项目总额为10亿日元，首先由 I 建筑提出自己的期待承包价格，然后 J 建筑决定是否接受剩余的承包价格。如果 J 建筑接受，那么博弈结束，但如果 J 建筑拒绝，那么这次就换成 J 建筑提出期待承包价格，由 I 建筑来决定是否接受。

二、单阶段同时讨价还价博弈中的纳什均衡策略

虽然本节案例的博弈属于序贯博弈，但为了简化分析过程，我们先假设其为单阶段同时博弈。在这种情况下，该博弈有如下规则。

I 建筑与 J 建筑同时提出承包价格，如果两家企业的期待承包价格之和超出项目总额的10亿日元，那么就无法获得合同。各参与者同时提出自己的期待承包价格，如果总和在10亿日元以下就"承包成功"，超出10亿日元则"承包失败"。

假设两者的收益和承包价格相等，如果两者的期待承包价格总和超过10亿日元导致承包失败的话，两者的收益都为零。两者都不考虑成本，

只考虑承包价格最大化。

在这种情况下，两个参与者都了解博弈的规则，也知道自己和对方的收益，因此可以看作是"对称信息讨价还价博弈"。但各参与者无法事先得知对方的选择，也不能通过事先的合作来调整承包价格。

在这种情况下，如果两个参与者都以"承包成功"为前提，那么实际能够提出的期待承包价格的范围如下图所示（图表3-18）。

图表 3-18 单阶段同时讨价还价博弈的纳什讨价还价解

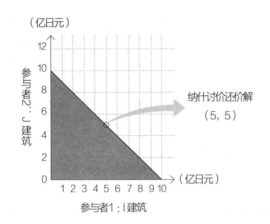

因为只有在双方的期待承包价格之和在10亿日元以下才能够"承包成功"，所以两家企业的期待承包价格就是图表3-18中的阴影部分。比如I建筑提出6亿日元的期待承包价格，那么J建筑就只能提出4亿日元以下的价格。

对于 J 建筑来说，应该采取在能够承包成功的前提下使自身获取最多收益的行动（提出尽可能多的承包价格），所以提出无限接近4亿日元的承包价格是最合理的选择。因为如果总计金额超出10亿日元就会导致承包失败，两家公司的收益都将变成零。也就是说，J 建筑不会提出超过4亿日元的承包价格。

像这种两个参与者都以收益最大化作为行动前提的情况下，图表内的斜线就是纳什均衡策略的状态。在这条直线上存在无数个纳什均衡策略。也就是说，两个参与者都会在两者提出的价格总和不超过10亿日元的范围内，提出自己的最大承包价格。

在两个参与者进行这种讨价还价博弈的情况下，各参与者无法仅凭纳什均衡策略来决定自己究竟应该提出的承包价格是多少。

在双方只进行一次，而且事先没有任何沟通的同时讨价还价博弈中，各参与者要如何推测对方的承包价格呢？毕竟在双方没有任何事先协议的前提下，出现 I 建筑提出6亿日元的承包价格，J 建筑提出4亿日元的承包价格这种满足纳什均衡的状态实在是让人难以相信。

三、实现合作博弈的方法与纳什讨价还价解

为了解决上述问题，纳什提出了一个针对讨价还价博弈的均衡解。这就是"纳什讨价还价解"。纳什讨价还价解主要思考以下内容。

・假设各参与者之间能够围绕讨价还价博弈达成某种一致意见，那么这种一致意见必须满足哪些条件。

然后根据上述条件来找出答案。

"假设各参与者之间能够达成一致意见"，指的是各参与者能够站在其他参与者的立场上进行思考，参与者之间存在某种合作的意愿。

从这个意义上来说，纳什讨价还价解可以看作是一种实现合作博弈的方法。顺带一提，前面我们看到的所有博弈都不是以参与者之间是合作关系为前提的，可以称之为非合作博弈。

此外还需要注意一点，纳什讨价还价解与前文中多次提到的纳什均衡策略（属于"非合作博弈"中的概念）是完全不同的概念。

纳什讨价还价解的四个条件

纳什讨价还价解是满足"不变性""效率性""匿名性或对称性""与解无关选择的独立性"这四个条件的策略。纳什认为，只要能够满足上述条件，参与者之间就会自发地表现出合作的态度。

其中最重要的就是对称性与效率性。因为两个参与者都会选择收益均等（＝对称性）且在范围内实现收益最大化（＝效率性）的均衡点。

在这个博弈中，满足上述两个条件的前提下两者的收益如下所示。

・两者的最大合计收益10亿日元（超出这个数值将没有收益，因此这个数值满足效率性）。

• 平均分为两份，双方各提出5亿日元的承包价格（满足对称性）。

从常识的角度来说，在事先不知道对方的承包价格，而且需要同时提出自己承包价格的情况下，提出相当于总工程款二分之一的5亿日元承包价格是最为合适的。也就是说，纳什讨价还价解与我们的直觉做出的判断是一致的。

此外，也有人认为在纳什讨价还价解的四个条件中有不妥当的要素（参见本节专栏）。

四、非合作序贯讨价还价博弈与讨价还价顺序的重要性

在考虑过单阶段同时进行的情况后，接下来让我们继续以案例12为例，思考一下不以合作为前提的、作为非合作博弈的"序贯博弈"的情况。

从博弈论的角度来说，当同时博弈变成序贯博弈的时候，即便是非合作博弈也能够在一定程度上预测讨价还价的结果。也就是说，即便不以前文中"合作博弈"的思考方法为前提，仍然能够在一定程度上找出均衡策略。

首先，让我们假设在 I 建筑不接受 J 建筑的承包价格时，K 开发就将这项工程转给其他建筑公司。在这种情况下，这个讨价还价博弈可以分为以下两个阶段来进行分析。

• 第一阶段：I建筑提出自己的承包价格，J建筑决定自己是否接受剩余的承包价格。

• 第二阶段：J建筑接受的话，博弈结束。J建筑不接受的话，J建筑提出自己的承包价格，I建筑决定自己是否接受剩余的承包价格。

如果I建筑接受剩余的承包价格，博弈结束。如果I建筑不接受的话，博弈也会结束，但在这种情况下两者都无法承包项目，收益为零。

类似这样的博弈被称为有限序贯讨价还价博弈。假设两个参与者都知道博弈相关的全部信息，属于对称信息博弈。

将这个有限序贯讨价还价博弈整理成博弈树后如图表3-19所示。其中第一阶段I建筑提出的承包价格为I（1），遭到拒绝后第二阶段J建筑提出的承包价格为J（1）。

图表3-19 有限序贯讨价还价博弈

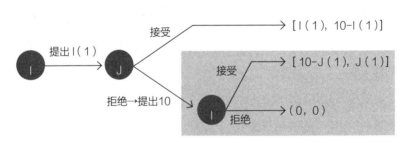

（一）后动优势

假设不管这种博弈重复多少次，两个参与者都不会出现任何损失（参与者对收益拥有无限的耐心）。在这种情况下，这个博弈只存在一个子博弈精炼均衡。那就是"J建筑给出10亿日元（全部）的承包价格，I建筑放弃承包（0日元）"。

为什么会出现这种结果呢？因为在序贯博弈的情况下，可以通过逆向归纳法从最后的子博弈部分开始进行分析。

假设J建筑最后提出10亿日元的承包价格，即J（1）=10。在这种情况下，I建筑不管接受还是拒绝收益都为零，即10-J（1）=0。也就是说I建筑无法通过选择"拒绝"（只有自己选择不满足子博弈精炼均衡的策略）来增加自身的收益。而对于J建筑来说，选择10亿日元以外的承包价格也无法增加自身的收益。那么在这个子博弈之中，"J建筑提出10亿日元的承包价格，I建筑接受"的策略就满足纳什均衡策略的条件。

因为J建筑知道在第二阶段I建筑一定会接受"J建筑10亿日元，I建筑0日元"的分配方案，所以不管第一阶段I建筑提出多么合理的承包价格，J建筑都会选择"拒绝"。

当然，如果I建筑在第一阶段就提出"J建筑10亿日元，I建筑0日元"的分配方案，那么J建筑不管选择"接受"还是"拒绝"，都能够获得10亿日元的收益，最终的结果不会发生任何变化。只要这个博弈重复的次数有限，上述结论都不会改变。

上述内容中的子博弈精炼均衡给我们带来了一个非常重要的启示。

那就是在序贯讨价还价博弈重复有限次，且增加交涉次数不会带来任何损失的情况下，最后提案的一方拥有压倒性的优势。这种情况被称为"后动优势"。

在商业活动的现场，如果存在拥有最后提案权的交易对象，最后的提案遭到否决时交易失败，并且所有交易参与者都了解这一信息的情况下，拥有最后提案权的一方在谈判中处于绝对优势的地位。即便在整个谈判过程中双方进行过各种交涉，只要最终想避免谈判破裂，其他参与者都必须对拥有最后提案权的参与者做出让步。

（二）先动优势

接下来我们再思考一下交涉时间延长会导致两个参与者成本增加的情况。

比如两者都承受着巨大的资金压力，交涉每延长一个阶段就要多支出利息等成本，导致实际获得的收益降低10%（收益减少率10%）。如果交涉在第一阶段完成，那么收益将是完整的，但如果交涉在第二阶段完成，那么收益将比在第一阶段完成时的收益减少10%，也就是价值只有第一阶段完成时收益的90%。

在这种情况下，就会出现以下的子博弈精炼均衡。

• I建筑在第一阶段提出1亿日元的承包价格，J建筑接受剩余9亿日元的承包价格。

这个结论也可以通过逆向归纳法分析出来。首先，在第二阶段的子博弈之中，如果J建筑仍然提出10亿日元的承包价格，I建筑也只能接受。但对J建筑来说，虽然在第二阶段获得了10亿日元的收益，但实际上的价值只有9亿日元（减少10%）。因此，第一阶段子博弈的收益如图表3-20的博弈树所示。

图表 3-20 序贯讨价还价博弈（减少率 10% 的情况）

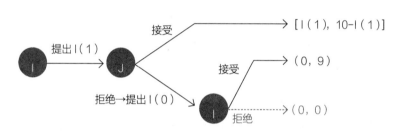

通过这个博弈树可以看出，J建筑需要将在第一阶段选择"拒绝"然后在第二阶段获得的收益（相当于9亿日元）和在第一阶段选择"接受"获得的收益进行比较，然后再决定是选择"接受"还是"拒绝"。

在这种情况下，I建筑在第一阶段提出1亿日元的承包价格，J建筑不管选择"接受"还是"拒绝"，都能够获得相同的收益（相当于9亿日元），所以就算J建筑选择"拒绝"也无法提高自身的收益。因此，"I建筑提出1亿日元的承包价格，J建筑接受剩余9亿日元的承包价格"的策略在两个子博弈中都满足纳什均衡策略的条件，也就是满足子博弈精炼均衡的条件。

上述内容又给我们带来了另一个非常重要的启示。那就是在讨价还价博弈参与者的收益受交涉时间影响而会下降（参与者对收益没有耐心）的情况下，交涉时间延长造成的损失越大，先提案的一方优势越大。

这种最先提案的参与者拥有优势的状况被称为先动优势。

在有限次数的序贯博弈，且参与者的收益会随着交涉时间的延长而不断下降的情况下，拥有"先动优势"的参与者和拥有"后动优势"的参与者究竟谁会胜出不能一概而论。但交涉重复的次数越多，"先动优势"就越大。因为随着交涉时间延长，参与者的收益下降就越多。

比如在上述案例中，如果交涉进行到第四阶段，J建筑即便提出10亿日元的价格，也只能获得7.29亿日元的收益（$10 \times 0.9 \times 0.9 \times 0.9$）。在这种情况下用逆向归纳法进行分析可以发现，I建筑在第一阶段提出1.81亿日元的承包价格，J建筑也只能接受剩余8.19亿日元的承包价格（参见拉斯缪森著《博弈与信息》）。

那么，如果讨价还价博弈从有限次数变成无限重复将发生什么样的变化呢？在这种情况下，因为没有了"最后一次博弈"的概念，所以"后动优势"就毫无意义，而"先动优势"将处于统治地位。

顺带一提，当上述内容变成无限重复序贯讨价还价博弈之后，子博弈精炼均衡为"I建筑提出5.26亿日元的承包价格，J建筑接受剩余4.74亿日元的承包价格"，I建筑能够比J建筑获得更多的收益（参见本节专栏）。

五、序贯讨价还价博弈的启示

虽然前文中介绍的都是非常简单的讨价还价博弈模型，但得出的结论却能够给我们带来许多宝贵的启示。

（一）重复次数有限的情况下，拥有最终提案权的参与者有利

在交涉次数较少，而且参与者都不在意交涉延长带来的负面影响的情况下，拥有最终提案权的参与者处于优势地位。但在实际的商业活动之中，考虑到参与者自身的实力和关系等因素，哪一个参与者拥有最终提案权需要具体问题具体分析。

（二）交涉延长导致收益减少率越高（交涉延长造成的损失越大）的情况下，交涉次数越多，对先提案的一方越有利

交涉次数较多，且参与者们都急于完成交涉的情况下，先提案的一方处于优势地位。因为随着交涉时间的延长，参与者们付出的成本更高，后提案带来的优势就越少。在这种情况下，尽快提出自己的意见，引导交涉顺利进行非常重要。

（三）交涉延长导致的收益减少率在各参与者之间各不相同的情况下，收益减少率较低（交涉延长导致的损失较小）的参与者有利

在各参与者对收益的耐心各不相同的情况下，对收益拥有较强耐心的参与者比对收益缺乏耐心的参与者更有利。交涉延长导致的收益减少率较高的参与者希望尽快完成交涉，也就不得不接受对方提出的不利条件。反之，交涉延长对自身收益没有太大影响的参与者则会尽可能地拖延时间，让交涉向有利于自己的方向发展[1]。

六、非对称信息的非合作讨价还价博弈

前文中介绍的都是对称信息的讨价还价博弈，在相互之间都掌握对方信息的情况下，对收益有耐心的参与者能够使交涉向有利于自己的方向发展。

但在现实之中，参与者相互之间不能把握全部信息的情况更加常见，也就是说各参与者无法准确地把握其他参与者对收益的耐心程度。那么在这种"非对称信息的讨价还价博弈"中，就会出现为了不让对手看出自己的类型而故意装成其他类型参与者的情况。比如本来对收益缺

---

[1] 如果 I 建筑的收益减少率为每阶段10%，而 J 建筑的收益减少率为每阶段20%的话，无限重复讨价还价博弈的子博弈精炼均衡将变成"I 建筑提出7.14亿日元的承包价格，J 建筑接受剩余2.86亿日元的承包价格"，与之前的情况相比对 I 建筑相当有利（参见本节专栏）。

乏耐心而处于不利地位的参与者，故意装成"对收益充满耐心的参与者"，从而迫使对方尽快完成交涉。

仍然以 I 建筑和 J 建筑的案例为例。假设只有 I 建筑准确地把握双方对收益的耐心程度，而且知道自己的耐心不如对方强。而 J 建筑则对这个信息一无所知。两个参与者拥有的共同信息只有各参与者对收益耐心较强的概率。

在这种情况下，I 建筑可以采取装出自己耐心更强的样子对 J 建筑进行"威胁"，迫使对方接受自己条件的策略。博弈的次数越少，J 建筑认为"I 建筑耐心较强的概率"越高，这种威胁的效果就越大。

因为存在这种威胁，所以在"非对称信息讨价还价博弈"中就不会出现像"对称信息讨价还价博弈"那样短时间内交涉完成的情况。在极端的情况下，I 建筑会一直坚持到交涉继续进行下去会使自己出现亏损的那一刻，导致双方都出现不必要的损失。

在劳资纠纷和企业收购等交涉中，交涉时间被拖得很长，最终交涉失败导致双方都承受巨大损失的情况屡见不鲜，这可能就是由"信息不对称"导致的。

为了避免出现这种不幸的结果，应该先寻找双方都更容易接受的交涉点，或者尽量减少信息不对称的影响，通过参与者之间的信息共享来培养信赖关系。

"非对称信息非合作讨价还价博弈"的模型化工作目前还在研究过程中，研究者们提出的博弈模型中的解也并不唯一（存在多个贝叶斯精炼均衡策略）。

因此，本书只对"非对称信息讨价还价博弈"中存在的问题点进行简单的介绍，对各模型的内容和问题点的详细情况感兴趣的读者可参考其他专业书籍。

专栏：纳什讨价还价解的四个条件

纳什认为讨价还价博弈的解必须满足以下四个条件。

一、不变性

"纳什讨价还价解"对各参与者计算收益的单位不会造成影响。

以本节案例为例，如果J建筑是美国的企业，以美元为基础计算收益，最终也会得到同样的解。假设1美元 =100日元，那么I建筑提出5亿日元的承包价格，J建筑则提出500万美元的承包价格。

二、效率性

一旦实现"纳什讨价还价解"的状态，那么两者的收益都不会再增加。

以本节案例为例，假设I建筑提出4亿日元的承包价格，J建筑也提出4亿日元的承包价格。在这种情况下，如果I建筑和J建筑都再多提出1亿日元的承包价格，两者的收益就会增加，所以不满足效率性。要想满足效率性的条件，两者的总计承包价格必须等于10亿日元，也就是图

表3-18中斜线所示的收益组合。

三、匿名性或对称性

假设两个参与者互相交换立场，最后也会得到同样的解，也就是两者的收益[①]相同。

比如I建筑和J建筑都提出4亿日元承包价格，就满足匿名性（对称性）。但正如前文中提到的那样，在本节案例中同时满足匿名性（对称性）和效率性的收益组合只有I建筑和J建筑都提出5亿日元的承包价格。

四、与解无关选择的独立性

即便将收益组合从博弈中删除，只要这个组合不在纳什讨价还价解的范围内，就对解没有任何影响。

纳什讨价还价解中存在的最大问题就是这个部分。

比如，出于某种原因I建筑无法提出8亿日元以上的承包价格，而且两个参与者都知道这个信息。但是这个前提对纳什讨价还价解不会造成任何影响，最终还是会得出I建筑提出5亿日元承包价格，J建筑提出5亿日元承包价格的收益组合。

这也就意味着，即便J建筑知道I建筑无法提出8亿日元以上的承包

---

① 本书假设所有参与者都"风险中性"，各参与者虽然追求"收益"的最大化，但严格来说"收益"的概念应该考虑到各人对风险的敏感度。关于这部分的详细内容请参考其他专业书籍。

价格，也不会考虑这个前提。虽然从常识的角度来看，最多只能提出8亿日元承包价格的 I 建筑在与最多能够提出10亿日元承包价格的 J 建筑的交涉中处于不利地位，但纳什认为这种在"纳什讨价还价解"收益组合范围之外的选择不应该对参与者之间的交涉结果造成影响。

综上所述，纳什讨价还价解的出发点是"参与者之间存在合作关系，进行交涉后，最后的解应该具有这些特点"。这种证明方法在合作博弈中被称为公理方法。

正如我们在本节中看到的，这种思考方法与"非合作博弈中，各参与者只追求自身收益最大化"的思考方法存在着巨大的区别。

本书对合作博弈和非合作博弈之间异同的分析以及寻找博弈解的方法就介绍到这里，就算点到即止吧。

专栏：无限重复序贯讨价还价博弈的模型化

在这里我将为大家介绍将无限重复序贯讨价还价博弈模型化，以及导出满足子博弈精炼均衡策略的方法。假设 I 建筑和 J 建筑在交涉阶段增加后的真实收益率（收益减少率为0.1的情况下，第一阶段之后的真实收益率为0.9）分别为 d_I 和 d_J。

假设在这个无限重复序贯讨价还价博弈的某阶段（T 阶段：假设轮到 I 建设给出承包价格），I 建设的期待收益最大值为 S 亿日元。在这个情况下如果实现最大收益的话，I 建筑和 J 建筑的收益分别是 S 亿日元、（10-S）亿日元。

以 I 建筑在 T 阶段能够获得最大 S 亿日元为前提，通过逆向归纳法分析在 1 阶段之前，即（T-1）阶段 I 建筑是否接受 J 建筑提出的承包价格。

在这个情况下，对 I 建筑来说，如果接受 J 建筑在（T-1）阶段提出的承包价格（R 亿日元），自身获得的收益（10-R）亿日元，比 1 阶段之后的最大期待收益 S 亿日元在（T-1）阶段的真实价值，也就是 d_1S 亿日元（在 T 级阶段获得的 S 亿日元对于 T-1 阶段时间点的 I 建筑来说，必须减去 1 阶段之后的损失，所以只有 d_1S 亿日元的价值）更大的话，那就应该选择接受，反之则选择拒绝。

因此，纳什均衡要使这个（T-1）阶段的子博弈成立就必须满足以下条件：

$$10-R=d_1S\cdots\cdots①$$

以此为基础再来思考一下再往前一个阶段，即（T-2）阶段，I 建筑提出多少的承包价格（Q 亿日元），会使 J 建筑无法拒绝。对 J 建筑来说，如果接受 I 建筑在（T-2）阶段提出的承包价格（Q 亿日元），自身获得的收益（10-Q）亿日元，比 1 阶段之后的最大期待收益 R 亿日元，也就是 d_jR 亿日元更大的话就应该选择接受，反之则选择拒绝。

因此，纳什均衡要使这个（T-2）阶段的子博弈成立就必须满足 $10-Q=d_JR$ 的条件。

$$10-Q=d_JR\cdots\cdots②$$

结合算式①与算式②可得：

$$Q=10-d_J（10-d_IS）\cdots\cdots③$$

因为这个博弈重复无限次，所以不管在任何一个阶段，I 建筑的期待最大收益都应该和减去收益减少率之前相等。因此得出如下算式。

$$Q=S\cdots\cdots④$$

综合算式③与算式④：

$$Q=10\times\frac{1-d_J}{1-d_Id_J}$$

假设两者的真实收益率相等，也就是 $d=d_I=d_J$，那么上述算式可以整理如下。

$$Q = 10 \times \frac{1}{1+d}$$

在本专栏的案例中 d=0.9，那么 I 建筑的收益 Q=5.263（亿日元），J 建筑的收益为剩余的4.737亿日元。

本书246页注释 d_I=0.9，d_J=0.8的案例中，I 建筑的收益 Q=7.143（亿日元），J 建筑的收益为剩余的2.857亿日元。

第

4

章

博弈论的发展

第1节：博弈论的课题与今后的发展

在本章之中，我将为大家介绍"模型与现实之间的偏差""多重均衡""参与者的合理性"等博弈论中存在的问题，以及寻找解决的方法。如果能够在注意上述问题的同时，充分利用博弈论带给我们的启发，就能够在做出决策时不完全依赖经验与直觉，取得更高的收益。

理 论

随着博弈论研究的日益进步，博弈论的应用范围也从以数学理论为基础的微观经济学、金融、市场营销等领域，逐渐发展到了经营策略、人力资源管理、法律等一直以来以定性讨论为中心的领域。

就像我们在"讨价还价博弈"中看到的那样，在商业活动的现场，博弈论是"帮助我们使商业活动向有利于自己的方向发展的技巧"，有时候"逆向选择理论"也能够帮助我们找出那些意想不到的选择。

但这并不意味着博弈论就是解决所有商业问题的万能钥匙，和许多理论一样，博弈论也有其极限。尽管博弈论的研究者们为了克服极限而不断地努力奋斗，但博弈论仍然存在着许多有待解决的问题。

本章就将为大家介绍博弈论中存在的几个主要问题，并为大家介绍解决这些问题的方法。同时还将提醒大家在将博弈论应用在商业活动之中的时候都有哪些值得注意的地方。

一、模型与现实之间的偏差

在应用博弈论的时候遇到的第一个问题，就是现实与博弈模型之间的契合程度问题。本书中介绍的"囚徒困境""夫妻博弈""逆向选择模型""委托人与代理人模型"等，都是将实际情况简化后的模型。比如假设参与者只有两名，假设参与者都掌握全部的信息（对称信息）等都是现实中很难出现的情况。

从这个意义上来说，非对称信息博弈模型更接近现实的情况，但这种情况下的分析就变得非常复杂，必须用到大量均衡概念的计算和概率计算。即便如此，在博弈模型化的过程中，仍然经常出现遗漏关键事实的情况（参见本节专栏）。

利用与现实的偏差改变博弈

基于博弈论的模型只要改变前提条件就能够得出不同的结论。

比如案例1中出现的类似"囚徒困境"的交涉状况。乍看起来，这个博弈因为存在占优策略，所以最后的结果对两个参与者来说都不是最佳的选择。

但实际情况下的前提条件真跟"囚徒困境"的前提条件完全相同吗？在实际的商业活动中，收益并不只有当时获得的现金。从今以后的公司形象、潜在的其他参与者（其他交易对象）等可能都是需要考虑的因素。而且，交涉也很有可能是并非只有一次的单阶段博弈。参与者就算不能事先协商，至少也能够根据对方的言行和态度把握对方可能做出的选择。

也就是说，在现实之中面对某种博弈状况的时候，不一定非要按照模型指示的均衡来选择行动策略。甚至可以通过对前提条件的调整来改变博弈。比如在第1章第1节中介绍过的那样，给背叛者施加惩罚，避免出现对双方来说都不希望看到的结果。

从上述角度出发来看，在实际的商业活动现场，博弈论是非常强大的工具。如果博弈按照模型发展会出现不希望看到的结果，那就通过对前提进行调整，使博弈朝着有利的方向发展。这样可以有效避免因为仅凭经验和直觉来进行判断，结果导致出现双输的结局。

* * *

除了与现实的偏差之外，博弈论还存在一些固有的问题。本章我将为大家介绍其中比较有代表性的几个问题。在将博弈论应用到商业活动现场时，这些都是需要注意的重点。

二、博弈论的问题点1：多重均衡

博弈论中最有代表性的问题就是均衡这个概念。在博弈中经常出现存在多个均衡的情况。比如"夫妻博弈"就是最好的例子，而在像"无限重复囚徒博弈"这样的重复博弈中，也存在多个均衡策略。

虽然通过精炼均衡的概念可以找出多个均衡策略中哪一个均衡策略出现的概率更高。但在存在多个均衡策略的情况下，参与者仍然无法准确地决定应该选择哪一个策略。

比如在"无限重复囚徒困境"之中，一个均衡表示应该从开始一直到最后都选择坦白，而另一个均衡却表示只要对方不背叛选择坦白，自己也不坦白。至少在第一次的博弈中，这两个均衡给出的结果是完全相反的。参与者面对这样的情况应该如何选择呢？这也是实用主义者认为"博弈论毫无用处"的原因之一。

但也有反对的声音。因为人类的行动非常复杂，即便处于同样的立场，不同的人也可能采取不一样的行动。所以博弈论的多个均衡正能够体现出人类的多样性，代表着对方可能采取的行动。

也就是说，通过理解多重均衡的概念，可以把握对方可能采取的行动，从而采取更合适的应对手段。

至少在竞争对手或交易对象能够采取合理行动的情况下，我们可以通过博弈论来找出自己应该采取什么策略。尽管博弈论不一定能够在实际的商业活动中给出非常准确的解答，但在思考解决办法时却是一个非常有用的辅助工具。即便存在多重均衡的问题，也不能武断得出"博弈论对商业活动毫无用处"的结论。

三、博弈论的问题点2：参与者的合理性

现在，针对博弈论的批判中最重要的一点就是围绕"合理性"的争论。

首先让我们来看一看下面这个博弈。参与者1和参与者2在进行如图表4-1的博弈树所示的对称信息博弈。

图表4-1 蜈蚣博弈

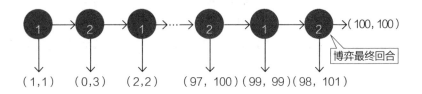

这个博弈因为其形状而得名蜈蚣博弈，是罗森塞尔（Rosenthal）于1980年在论文中最先提出的。两个参与者以每次获得1万日元的收益为出发点，在向右（博弈继续）和向下两个分支之中做出选择，任何一个参与者选择"向下"时博弈结束。如果参与者选择向右，那么参与者的收益就会以"减1万日元"和"加2万日元"交替重复的形式不断累积。如果双方一直选择向右，那么最后两者都能获得100万日元。

这个蜈蚣博弈属于对称信息博弈，因此可以通过逆向归纳法来找出

子博弈精炼均衡。首先，参与者2作为最后行动的参与者，在最后的子博弈中选择"向下"能够获得101万日元，而选择"向右"只能获得100万日元，因此参与者2应该选择"向下"。对于知道这一信息的参与者1来说，在前一个子博弈之中选择"向下"能够获得99万日元，选择"向右"则只能获得98万日元，因此也会选择"向下"。

像这样将所有的子博弈依次向前逆推，可以发现在所有的子博弈中都选择"向下"的策略符合纳什均衡。也就是说，这个博弈的子博弈精炼均衡为参与者1在最初的博弈中选择"向下"，结果双方都只获得1万日元的收益。

但在现实之中，几乎没有一个参与者会按照子博弈精炼均衡的策略，在最初的子博弈中就选择"向下"。如果询问被测试者为什么没有在最初选择"向下"的话，他们的回答如下。

"如果我在第一次选择的时候不选择'向下'而是选择'向右'，那么一旦参与者2选择'向下'，确实会使我损失1万日元。但万一参与者2也选择'向右'的话，那么我至少能够多获得1万日元的收益，而最多则能够获得100万日元的收益。对于参与者2来说，草率地选择'向下'会失去将来可能获得的100万日元，这有点得不偿失，所以他可能也会选择'向右'。"

正如子博弈精炼均衡的结果所示，如果两个参与者都完全理解博弈的规则，并且采取合理的行动，那么首先行动的参与者就会在一开始便选择"向下"，博弈在第一次就宣告结束。但这种从理性上来说最合理的选择却让人在"直觉"上难以释怀[①]。

导致逆向归纳法得出的结论与我们的直觉之间存在矛盾的原因有很多。首先，这个模型没能充分地表现出各参与者除了金钱之外的收益。比如两个参与者都存在着资金问题，急需50万日元救急。在双方都知道这一信息的情况下，1万日元的损失根本算不上什么问题。在两者的收益超过50万日元之前，各参与者继续选择"向右"的可能性很高。

逆向归纳法的局限性与有限理性

此外，逆向归纳法本身也存在问题。比如参与者1在第一次博弈时违背子博弈精炼均衡策略而选择"向右"的话，参与者2就完全不知道自己应该采取什么行动。参与者2有如下几种选择。

• 参与者1存在资金问题，所以只能期望参与者2也选择"向右"。那么在这种情况下，参与者1继续选择"向右"的可能性很高，所以参与者2也应该选择"向右"。

---

① 塞尔腾（Selten）在1978年于"连锁店悖论"中第一次提出了这种逆向归纳法得出的结论与我们的直觉产生严重偏差的问题。本书第2章第2节中提到的"逆向归纳法悖论"就是与"连锁店悖论"相类似的事例。

• 参与者1只是因为一时的判断错误才选择了"向右"。在这种情况下参与者1很有可能在下一个阶段意识到自己的错误，于是在第三次博弈中选择"向下"。那么参与者2应该选择"向下"。

• 参与者1的行动没有合理性。在这种情况下，参与者1对收益毫无兴趣，只是随机从"向右"或"向下"之中二选一，那么对参与者2来说完全无法根据参与者1的行动来判断接下来的选择。

通过上述内容可以看出，即便在对方准确把握博弈收益的前提下，对方参与者也不一定采取合理的行动。而这和各参与者都会采取"合理"行动这一传统的博弈论前提存在矛盾。

在类似这种重复次数较多的博弈之中，"各参与者都以实现自身收益最大化为目的，采取最合理行动"的前提本身可能存在不成立的情况。

因此在最近的博弈论中导入了有限理性的概念用来解决这个问题。有限理性的参与者对博弈规则的理解和将来的预测以及机遇预测的计算都存在局限性。

有限理性的参与者并非即便很努力地想让自己采取合理的行动，但因为能力有限，一开始就做出不合理的选择。而是因为能力有限，虽然不能在一开始就认识到均衡策略的存在，但是能够通过在失败中学习，逐渐地找到博弈的规则和均衡策略。

四、演化博弈论

将生物学的进化论模型导入进来，对博弈中的"学习"过程进行研究的演化博弈论近来颇受关注。接下来我将为大家简单地介绍演化博弈论中非常重要的两个概念，模仿者动态和进化稳定策略。

（一）模仿者动态

模仿者动态是将"个体会根据自然淘汰选择适应性最强的行动"这一达尔文的进化论模型化的概念。简单说包括以下内容。

• 在多个参与者之中，选择平均收益以上策略类型的参与者比率会越来越高，选择平均收益以下策略类型的参与者比率会越来越少。

在经济学领域，模仿者动态意味着经过以下的过程，选择平均收益以上策略的参与者比率越来越多。

• 选择平均收益以上策略类型的参与者能够在经济层面上生存下来。
• 于是其他类型的参与者也会模仿选择平均收益以上的策略。

也就是说，各参与者不一定非要在最开始就做出最合理的选择，只要随着博弈的进行能够学习最合适的策略，就能够逐渐成为选择更高收益策略的参与者。

（二）进化稳定策略

当模仿者动态使选择平均收益以上策略类型的参与者越来越多的时候，最终将达到一种均衡状态。

在这种均衡状态下，所有参与者都能够获得"平均"的收益。这就是"进化稳定策略"的概念。

进化稳定策略在"采取与该策略不同的策略只能获得更低收益"这一点上和"纳什均衡策略"很相似，但在"如何实现均衡状态"的过程上，可以说是比"纳什均衡策略"更加强大的均衡策略概念。

由此可见，博弈论正在从以各参与者的"合理性"为前提的简单模型，转换为考虑到参与者有限理性和心理活动类型的复杂模型，使其更加贴近现实世界。

同时，为了避免博弈论变成纸上谈兵，研究者们也在积极对博弈模型进行实证试验，研究现实中参与者们会采取怎样的行动，尝试对参与者们的行动进行分析。

通过实验，对理论预想的参与者行动进行验证，再以理论为基础使模型变得更加准确。只要这两个步骤能够顺利地交替运行起来，那么博弈论今后还将得到更大的发展空间。

***

正如前言中提到过的那样，冯·诺依曼提出的博弈论如今已经超出数学的领域，在经济、金融、经营策略、法律等诸多社会科学领域得到非常广泛的应用。将博弈论模型应用于现实商业活动之中的尝试今后还将继续下去，随着计算机技术的发展，今后不管多么复杂的模型都能够很快地计算出解答。但是，不管通过博弈论制作出多么复杂的模型，也无法完全重现现实世界中的商业活动。

所以生活在现实世界中的读者，必须注意本章中提到的那些问题，充分利用博弈论模型带给我们的启发，提高原本只能根据经验和直觉做出判断的准确性，取得使自己活得更高收益的结果。

专栏：关于经济学家的冷笑话

与博弈论一样，经济学和金融学模型也大多是简化后的模型，而在简化的过程中都去掉了许多"现实世界复杂的部分"。结果导致这些模型有时候会得出从现实的角度来说完全不可思议的结论。批判经济学的人针对这种模型和现实之间的偏差，创作出了这样一个冷笑话。

物理学家、化学家和经济学家三个人遭遇船难，流落到一个无人的荒岛。几天后食物全都吃完了，饥肠辘辘的三个人在海边发现了一个可能装着食物的罐头，但他们没有能够打开罐头的工具，于是三个人开始商量办法……

物理学家："我可以利用岩石的一角，通过杠杆原理将罐头里面的食物挤出来。"

化学家："但这样的话里面的食物不就喷得到处都是了吗。我看还是利用海水腐蚀外面的罐子，等罐子被腐蚀得差不多了就能轻松打开。"

经济学家："嗯，如何打开这个罐头固然重要。但我们先假设这个罐头打开了。然后想一想三个人怎么分最合适吧。"

第2节：博弈论的历史

博弈论的起源可以追溯到约翰·冯·诺依曼和他的同事奥斯卡·摩根斯特恩于1944年发表的著作《博弈论与经济行为》。

他们认为人类的经济活动或许也像国际象棋那样遵循一定的规则，并且用博弈的方法进行了分析，但这个属于数学范畴的方法非常难以理解。

他们将经济现象也看作是多个参与者遵循一定规则进行的博弈。在这个博弈中，参与者的收益不但会受自己行动的影响，还受其他参与者行动的影响。因此对其他参与者的行动进行预测尤为重要，而要想做到这一点，必须具备能够进行非常复杂推测的系统理论基础，这就是他们研究的本质课题。

一、寡头垄断以外的博弈应用

到了20世纪50年代，纳什初次提出了"纳什均衡"的概念。这个概念使"古诺竞争"和"伯川德竞争"的寡头垄断状况普遍化，从而能够应用于寡头垄断以外的博弈之中。纳什均衡可以看作是所有参与者都遵循某种基准采取行动下的一种社会秩序。同时纳什还通过一个公理化证明提出了一个讨价还价解。

在纳什之后，库恩和夏普利都对博弈论做了进一步的展开研究，但当时博弈论的研究并没有和实际的经济活动联系起来，所以在研究者之间存在着一种闭塞感。将博弈论应用于经济分析领域是后来才出现的事情。

二、发展成为更接近现实社会的学问

20世纪60年代以后，海萨尼和塞尔腾导入了能够对博弈中参与者的合理行动进行研究的几个思考方法。首先是塞尔腾针对展开型博弈（序贯博弈）中纳什均衡点的"可信性"提出了质疑，于是导入了更加强大的均衡概念"子博弈精炼均衡"。

而海萨尼则通过"不完备信息博弈"，提出即便在各参与者不完全共享信息的博弈中，只要在"自然"的参与者展开型博弈中加入"海萨尼变换"，就可以按照传统的博弈理论对其进行分析，在不完备信息博弈中导入了"贝叶斯均衡"的概念。

在导入序贯博弈和不完备信息博弈的分析方法之后，博弈论就向"接近现实社会的学问"又迈进的一步。

20世纪70年代以后，在信息、激励、合同、企业组织、社会习惯、产业组织等更接近现实社会的主题之中，博弈论也被广泛应用于对非对称信息下参与者们的策略行动进行分析。

三、博弈论在更多领域内的应用

然后又经过大约三十年的发展，博弈论从微观经济学领域扩大到了宏观经济学、产业组织、国际贸易、金融等经济学几乎所有的领域之中。

许多经济现象和行动都可以基于博弈论模型来进行分析。这些博弈论模型能够解释为什么这些经济主体会选择这样的行动策略。

像这种通过博弈论对现实世界经济现象进行分析的行动一直持续到现在。如今博弈论已经成为分析经济主体行动的基本工具之一，被许多研究者采用。

博弈论诞生到发展的几十年间，电子计算机的计算能力也得到了飞跃性的提升，而提出计算机原型的人正式冯·诺依曼。要想把握经济活动的实际状况，必须对庞大的数据进行实证分析，可以说计算机的发展是推动经济学发展的重要支柱。从这个意义上来说，现在的经济学完全是"冯·诺依曼的馈赠"。

* * *

在对其他参与者的行动对自身造成影响的状况进行分析时，博弈论是非常重要的理论。因此，博弈论被广泛地应用于法律、政治、经营以及社会学领域之中。

本书介绍的案例大多出自上述领域。近十年来，许多商学院都将博弈论的精髓应用于经营战略、金融、经济学等领域的教学之中。掌握博弈论的 MBA 毕业生将这一有力武器应用于商业活动决策的时代即将到来。

后 记

有人说："经营管理是一个大怪物！"也有人说："经营管理既是科学也是艺术！"对此我深有感触。因为每一个经营决策都需要兼顾众多要素（内外环境，投效比，人和事，情和理，长短期连锁反应），而每一个要素又都变化多端。经营决策中没有什么万能的工具可以让我们"按几个输入键，就可以自动推导出结论"，更没有什么正确答案可以抄袭。所以企业经营管理这件事就变得万分艰难，初创公司会九死一生，百年企业则成为稀缺品。如何让自己的决策经得住时间和空间的考验，如何在未知和复杂中给"赌博式"的决断增加一些确信？立志成为优秀企业家、管理者的人该如何学习和提升，让自己的经营决策变得越来越科学，越来越艺术呢？顾彼思商学院给出了两个建议：一个是"大道至简"，一个是"抽象和具体"。

"大道至简"说的是，尽管相对于其他科学和艺术，经营管理复杂了太多，但是无论多复杂的事物都有其最关键的核心本质的元素。比如说3C的这个框架结构告诫我们要根据客户需求、竞争对手、本公司的状况来选择本公司的战场和战术，这些元素在任何行业都应该不会有太大差异，把这些元素结构化出来，就让我们找到了判断决策的重点，避免了因为思虑不周而做出的错误决定（道理很简单，但是做起来却万分艰难，事实证明太多的企业都是因为忘记客户需求，漠视竞争对手的变化而被淘汰出局）。所以管理学专家们倾力将一些原理原则整理成便于记忆的关键字（比如3C），让我们抓住重点，来提升决策的效率。2016年出版的MBA轻松读系列就是这一理念下的智慧结晶。这套书也可以说是"至简MBA"，从思考，战略，营销，组织，会计，投资几个角度，把经营决策的重点元素进行了拆分梳理，用最简单质朴的原理原则把管理的科学和艺术变成可以学习的有规律的结构。这套书一上市就得到了众多读者的好评，也一直在管理学书籍排行榜中名列前茅。

　　但是，如前所述，经营管理这件事本没有那么简单。行业不同，游戏规则也会有所不同。环境不同，也会让同样决策的结果生出众多变化。要让经营决策这个科学艺术不是偶然的成功，而是可以复制的必然，还需要因地制宜地将这些简化了的工具还原到具体的复杂情境中。所以第二个建议就是"抽象和具体"。通过还原到具体的情境，来具体地理解这些概念工具的背景、适用条件和一些注意事项，才能确保我们正确地用这些工具。说白了，管理能力的提升本没捷径，需要大量试错成本，但是聪明的管理者会努力站在巨人的肩膀上，汲取前人的教训，少走弯路，这就是捷径了。所以 MBA 轻松读：第二辑的重要使命就是要进一步扩充上一个系列的范围和深度，给出更多的商务应用情景去进一步提升知识到能力的转换率。这次的轻松读系列我们聚焦在如何创造新业务的具体情景中，选择了几个重点话题，包括如何设计新业务的盈利模式（《事业开发》），如何用具有魅力的商业计划书来获取资源（《商务计划》），也包括如何驱动众多的人来参与大业（《博弈论》《批判性思维·交流篇》《商务文案写作》），还包括作为领导者的自我修炼（《领导力》）。是经营管理必备的知识、智慧、志向这三个领域的综合体。每一本书都包含众多实际的商务案例供我们思考和练习，我们通过这些具体情境进行模拟实践、降低实际决策中的试错成本，让抽象的理论更高效地转化为具体的决断力。

所以，经营管理能力的提升，是综合能力的提升，这个过程不可能轻松。出版这套书籍的最大的愿景是企业家和管理者们能在未知和复杂的情境中，关注本质和重点，举一反三。企业家和管理者的每一个决策都会动用众多的资源，希望看这套书籍的未来的企业家们，在使用人力物力财力这些资源之前，能通过缜密深度的思考来进行综合判断，用

"知""智"和"志"做出最佳决策，来最大限度地发挥资源的效果，让企业在不断变动的环境中持续发展，为社会、为自己创造出更大的价值。

用 MBA 轻松读，打造卓越的决策脑，这个过程不轻松，我们一起化繁为简，举一反三！

顾彼思（中国）有限公司董事长

赵丽华

附录：常见术语中英对照表

中文	英文
贝叶斯法则	Bayes'rule
贝叶斯均衡	Bayesian equilibrium
贝叶斯纳什均衡	Bayesian Nash equilibrium
标准式	normal form
伯川德竞争	Bertrand competition
博弈树	game tree
不变性	invariance
不可信的威胁	not credible threat
不完备信息博弈	game with incomplete information
不完美信息博弈	game with imperfect informatio
猜硬币博弈	matching pennies
参与约束	participation constraint
参与者	player
策略	strategy
触发策略	trigger strategy
纯策略	pure strategy
单阶段博弈	single stage game, one stage game
第二价格封标拍卖	second price auction

第一价格封标拍卖	first price auction
动态博弈	dynamic game
独立私人价值	independent private values
对称均衡	symmetrical equilibrium
对称信息博弈	game with symmetric information
对称性	symmetry
多阶段博弈	multi- stage game
非对称信息博弈	game with asymmetric information
非合作博弈	non-cooperative game
分离均衡	separating equilibrium
分歧点	node
夫妻博弈	battle of the sexes
公开竞价拍卖	open bid auction
公理方法	axiomatic approach
共有价值拍卖	common values auction
古诺竞争	Cournot competition
合并均衡	pooling equilibrium
合作博弈	cooperative game
荷兰式公开拍卖	Dutch auction

后动优势	last-mover's advantage
混合策略	mixed strategy
机制设计	mechanism design
激励相容约束	incentive compatibility constraint
进化稳定策略	evolutionary stable strategy
精炼贝叶斯均衡	perfect Bayesian equilibrium
静态博弈	static game
路径	path
密封式拍卖	sealed bid auction
模仿者动态	replicator dynamics
纳什均衡	Nash equilibrium
纳什讨价还价解	Nash bargaining solution
逆向归纳法	backward induction
逆向选择	adverse selection
匿名性	anonymity
期待收益	expected payoff
期望效用	expected utility
弱占优策略	weakly dominant strategy
收益	payoff

收益等价定理	revenue equivalence theorem
收益劣势	payoff dominated
随机化	randomization
讨价还价博弈	bargaining game
条件概率	conditional probability
同时博弈	simultaneous game
无条件概率	unconditional probability
无限重复博弈	infinitely repeated game
无限重复序贯讨价还价博弈	infinite-horizon sequential bargaining game
蜈蚣博弈	centipede game
先动优势	first-mover's advantage
限定价格策略	limit pricing strategy
效率性	efficiency
效用	utility
信号博弈	signaling game
信息	information
信用问题	credibility problem
序贯博弈	sequential game
演化博弈论	evolutionary game theory

佚名定理	folk theorem
英国式公开拍卖	English auction
赢者诅咒	winner's curse
有限理性	bounded rationality
有限序贯讨价还价博弈	finite-horizon sequential bargaining game
有限重复博弈	finitely repeated game
与解无关选择的独立性	independence of irrelevant alternatives
展开式	extensive form
占优策略	dominant strategy
战略式	strategic form
重复博弈	repeated game
子博弈	subgame
子博弈精炼均衡	subgame perfect equilibrium
自然淘汰	natural selection
最优契约理论	theory of optimal contract

作者简介

日本顾彼思管理学院（GLOBIS）

顾彼思自1992年成立以来，一直以"构建人力、财力和智力的商务基础设施，支持社会创新和变革"为发展目标，推进各种事业的发展。顾彼思管理学院基于顾彼思集团各项事业积累的丰富经验，推动实用性经营知识与技术的研究与开发，通过出版书籍、制作数字化内容、对企业的经营能力进行诊断测试，以期帮助提高社会整体的经营和管理能力。

[日] 铃木一功

1986年毕业于东京大学法学部，后进入富士银行就职；1990年于法国的欧洲工商管理学院取得 MBA 学位；1999年取得伦敦大学金融经济学博士学位；2001年4月担任中央大学专门职业大学院国际会计研究科教授。著作有《MBA 管理系列》等。

译者简介

朱悦玮

2007年开始从事日文图书翻译工作，内容涵盖文学、历史、哲学、社科等方面。主要译作有《我是猫》《田中一光自传》《罗马人的故事》《航海图的世界史》等。

朱婷婷

大连外国语大学硕士，沈阳建筑大学外国语学院教师，研究方向为日语语言文化。

想象之外 品质文字

MBA 轻松读：第二辑

博弈论

产品策划｜领读文化　　　　　　　责任编辑｜张彦翔

文字编辑｜陈乐平　　　　　　　　营销编辑｜孙　秒　魏　洋

封面设计｜刘　俊　　　　　　　　排版设计｜张珍珍

发行统筹｜李　悦

更多品质好书关注：

官方微博 @ 领读文化　官方微信｜领读文化